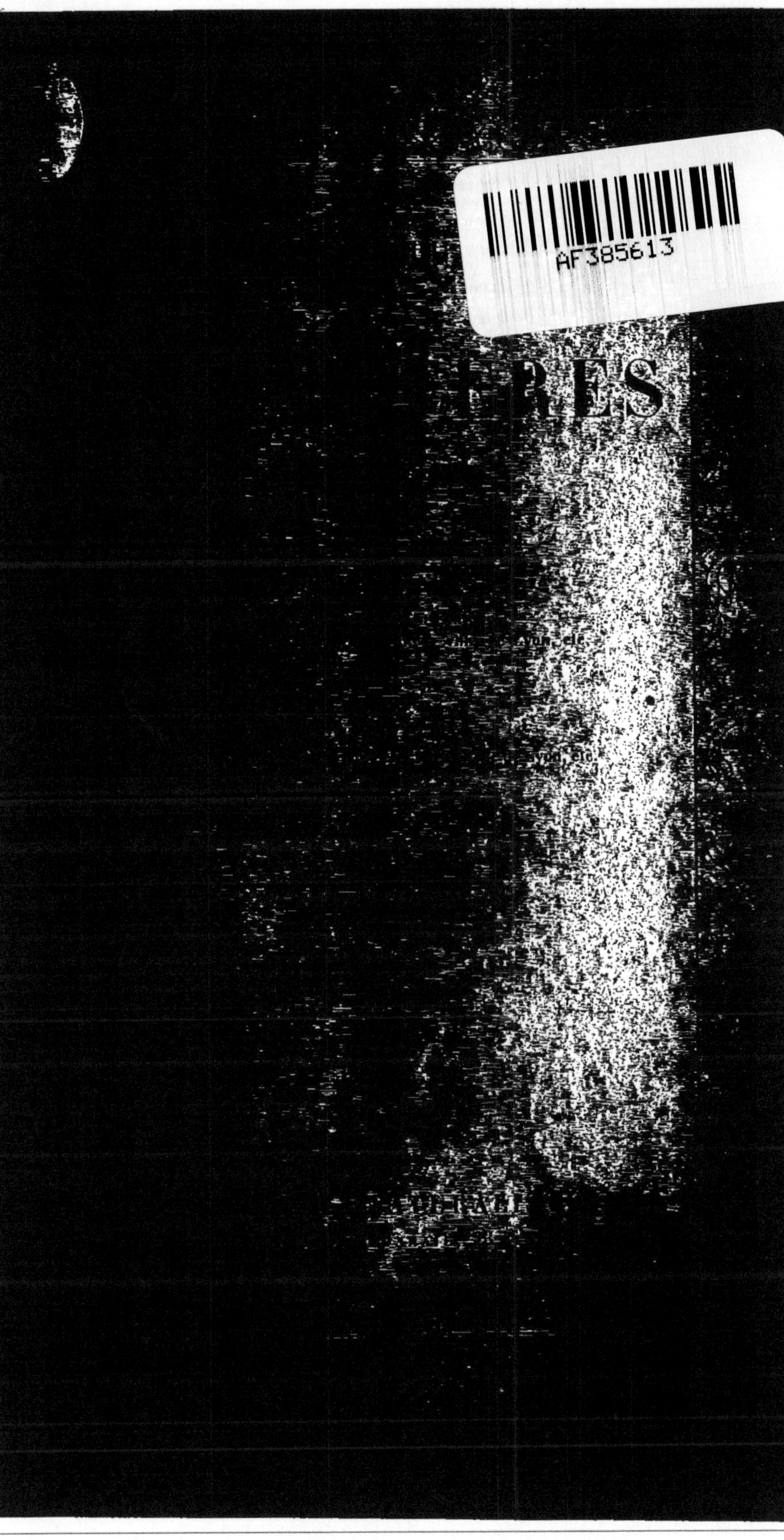

HISTOIRE NATURELLE

DES

COLÉOPTÈRES

DE FRANCE

LYON. — IMPRIMERIE PITRAT AINÉ, RUE GENTIL, 4.

HISTOIRE NATURELLE

DES

COLÉOPTÈRES

DE FRANCE

PAR

E. MULSANT

Correspondant de l'Institut,
Conservateur de la Bibliothèque de la ville de Lyon, etc.

ET

Cl. REY

Membre des Sociétés Linnéenne et d'Agriculture de Lyon, etc.

—

BRÉVIPENNES

Xantholiniens

PARIS

DEYROLLE, NATURALISTE

RUE DE LA MONNAIE, 23

—

JUIN 1877

A MONSIEUR

LE DOCTEUR SAINT-LAGER

PRÉSIDENT DE LA SOCIÉTÉ DE BOTANIQUE
MEMBRE DES SOCIÉTÉS LINNÉENNE ET D'AGRICULTURE
DE LYON, ETC.

Monsieur,

Les sciences naturelles ont toujours été l'occupation de vos loisirs studieux.

Vous avez publié sur la médecine et sur la botanique des travaux qui vous ont valu de glorieuses récompenses.

Vous rendez service à tous les amis des sciences de cette ville, en

soulageant l'un de nous du travail incessant destiné à entretenir les
échanges des publications de nos sociétés lyonnaises avec les travaux
des autres corps savants de la France et de l'étranger.

Puissent ces pages vous dire notre reconnaissance et vous offrir
l'hommage de nos sentiments affectueux,

. E. MULSANT ET CL. REY.

Lyon, le 10 juin 1877.

TRIBU

DES

BRÉVIPENNES

DEUXIÈME FAMILLE

XANTHOLINIENS

Caractères. *Corps* allongé, linéaire ou sublinéaire. *Tête* saillante, dégagée, portée sur un col court et plus ou moins étroit. *Front* non ou à peine prolongé au-devant de l'insertion des antennes. *Vertex* sans ocelles. *Tempes* contiguës ou subcontiguës en dessous, au moins en arrière. *Palpes maxillaires* de 4 articles, les *labiaux* de 3. *Antennes* de 11 articles, rapprochées à leur base, non plus distantes entre elles que les yeux ; insérées sur le devant du front en avant du niveau antérieur des yeux, en dedans de la base interne des mandibules (1), sous une saillie nulle ou à peine prononcée. *Prothorax* généralement oblong, souvent rétréci en arrière, rebordé sur les côtés. Élytres non rebordées latéralement, dépassant un peu la poitrine, laissant l'abdomen presque en entier à découvert. *Abdomen* rebordé sur les côtés, se recourbant ordinairement en dessous à l'état de repos ; le segment de l'armure le plus souvent distinct. *Prosternum* sensiblement développé au-devant des hanches antérieures, largement échancré en avant, où il offre une *pièce antésternale* cornée, transversale, plus ou moins grande (2). *Mésosternum* légèrement prolongé au-devant des hanches

---

(1) Au moins sur la ligne des parallèles tangentes à la base interne de chaque mandibule.

(2) Cette pièce, plus ou moins développée, souvent divisée par une suture médiane, occupe toute l'échancrure antérieure du prosternum, entre deux saillies ou clavicules plus ou moins apparentes, situées chacune au-devant du bord interne du repli prothoracique, et plus ou moins obliquement dirigées en dedans.

intermédiaires, échancré en avant. *Mélasternum* sinué ou échancré pour l'insertion des hanches postérieures. *Hanches antérieures* grandes, coniques, saillantes, de la longueur des cuisses (1); les *intermédiaires* oblongues ou suballongées, couchées ou très-peu saillantes, subparallèles ou à peine obliques; les *postérieures* à *lame supérieure* conique, plus ou moins étranglée vers son milieu; à *lame inférieure* nulle ou enfouie. *Tibias* plus ou moins épineux, au moins les *intermédiaires* et *postérieurs. Tarses* de 5 articles.

Obs. La famille des *Xantholiniens*, détachée par Thomson de celle des *Staphyliniens*, est une des plus tranchées par la présence d'une *pièce antésternale* située dans l'échancrure du prosternum et par ses antennes rapprochées à leur base; de plus, la forme étroite et linéaire de ces insectes refoule les diverses pièces latérales de la poitrine et force les hanches intermédiaires à prendre une position plus parallèle, etc.

La famille des *Xantholiniens* (2) peut être partagée en deux branches:

Elytres { à suture simple, normale. *Col* un peu plus large ou au moins aussi large que la moitié du vertex. 1re *branche.* OTHIAIRES.
s'imbriquant le long de la suture. *Col* étroit, subglobuleux, beaucoup moins large que la moitié du vertex.
.... 2e *branche.* XANTHOLINAIRES.

PREMIÈRE BRANCHE

OTHIAIRES (3).

CARACTÈRES. — *Corps* allongé, sublinéaire. *Tête* saillante, grande, portée sur un col court, assez épais, un peu plus large ou au moins aussi large que la moitié du vertex. *Tempes* non ou obsolètement rebordées sur les côtés, rapprochées, contiguës ou subcontiguës tout

(1) Dans les *Xantholiniens*, la pièce axillaire de devant des hanches antérieures est généralement plus développée que dans les *Staphyliniens*.

(2) Pour nous, le genre exotique *Platyprosopus* doit être retranché des *Xantholiniens*.

(3) Notre branche des *Othiaires* répond à la sous-tribu des *Othiides* de Thomson, dont le coup d'œil entomologique sait parfaitement utiliser les caractères dominateurs.

fait en arrière en dessous. *Antennes* assez courtes, non ou à peine
rudées. *Prothorax* oblong, un peu ou à peine moins large que les
ytres ; à rebord latéral non retourné en dessous vers les angles anté-
eurs ; à *repli* incliné, visible vu de côté. *Élytres* médiocres, mousses
téralement, à suture simple, normale. *Abdomen* subparallèle. *Pieds*
sez courts. *Tarses antérieurs* plus ou moins dilatés. *Pièce antésternale*
roîte, beaucoup moins longue que large.

Les *Othiaires* se réduisent à deux genres dont voici les caractères :

> non carénés. *Tête* ovalaire ou ovale oblongue. *Tempes* tout
> à fait mousses sur les côtés. *Labre* bilobé. *Elytres* à strie
> suturale effacée. *Tibias postérieurs* épineux. *Repli du pro-*
> *thorax* sans *opercule*.,..............,....................... OTHIUS.
> fortement carénés. *Tête* subovalaire ou subtransverse.
> *Tempes* obsolètement ou à peine rebordées sur les côtés.
> *Labre* simplement échancré au sommet. *Elytres* à strie
> suturale bien marquée. *Tibias postérieurs* non épineux,
> seulement ciliés sur leur tranche externe. *Repli du pro-*
> *thorax* à *opercule* distinct, parfois très-court............ BAPTOLINUS.

Genre *Othius*, OTHIE ; Stephens.

phens, Ill. Brit. V. 253. — *Jacquelin du Val*, Gen. Staph, 30, pl. 11, fig. 54.

Étymologie : ὀθέω, je prends en considération.

CARACTÈRES. *Corps* allongé, étroit, sublinéaire, peu convexe, ailé.
Tête grande, saillante, ovalaire ou ovale-oblongue, à peine bissillon-
e en avant ; portée sur un col court, assez épais, un peu plus large
au moins aussi large que la moitié du vertex (1). *Tempes* nullement
bordées sur les côtés, rapprochées ou subcontiguës seulement en
rière en dessous. *Épistome* court, incliné, submembraneux ou sub-
rné, tronqué au sommet. *Labre* assez étroit, subcorné, transverse,
lobé. *Mandibules* peu saillantes, assez robustes, subsillonnées en
hors, obtusément dentées intérieurement, arquées, croisées au
pos. *Palpes maxillaires* médiocres, à 1er article petit : les 2o et 3o

______

(1) Outre les pores sétifères des tempes et le juxta-oculaire, la tête présente
tre les yeux 4 petits points disposés en quadrille transverse.

obconiques, subégaux : le dernier un peu plus étroit, conique ou
conico-fusiforme. *Palpes labiaux* courts, à articles paraissant graduellement plus longs ou avec les 2 premiers subégaux, obconiques, ò
le dernier plus long, un peu plus étroit, conique ou conico-fusiforme. *Menton* trapéziforme, plus étroit en avant, tronqué au sommet.

Yeux petits, non saillants, subarrondis, situés très-loin du prothorax.

Antennes assez courtes, non ou à peine coudées, subépaissies;
1ᵉʳ article en massue allongée et subarquée, subégal aux 2 suivants
réunis : ceux-ci obconiques : le 3ᵃ plus long que le 2ᵉ : les suivants
graduellement plus courts et un peu plus épais : le dernier en ovale
subacuminé.

Prothorax oblong, subparallèle ou à peine rétréci en arrière; un peo
ou à peine moins large que les élytres; tronqué ou à peine échancré
au sommet; arrondi à sa base; finement rebordé sur celle-ci et sur les
côtés, avec le rebord de ceux-ci non retourné en dessous des angles
antérieurs (1). *Repli* médiocre, incliné, visible vu de côté, sans *opercule*.

Écusson médiocre, triangulaire ou subogival.

Élytres transverses, subcarrées ou suboblongues; simultanément
subéchancrées à leur bord apical; subarrondies à leur angle postéro-
externe; subrectilignes sur les côtés; finement rebordées sur la suture
à strie suturale nulle ou effacée. *Repli* étroit, subvertical ou à peine
retourné en dessous; subparallèle. *Épaules* légèrement saillantes.

Prosternum sensiblement développé au-devant des hanches antérieures, offrant entre celles-ci un angle plus ou moins ouvert, finement
carinulé sur son milieu; largement et faiblement échancré en avant
pour recevoir la *pièce antésternale*, qui est distinctement partagée par
une suture médiane et dont le diamètre antéro-postérieur est à peine
égal au quart du diamètre transversal ou à peine plus. *Mésosternum*
subogivalement échancré en avant; à lame médiane en triangle plus
ou moins large, à sommet rétréci en pointe plus ou moinsbrusque,
prolongée environ jusqu'au tiers des hanches intermédiaires. *Médian*

____

(1) Le prothorax présente sur les côtés du disque quelques points ò
pores sétifères, dont les 3 internes disposés sur une ligne longitudinale.

ternums assez grands, irréguliers, séparés du mésosternum par
le fine suture oblique. *Médiépimères* plus ou moins étroites, parfois
néaires. *Métasternum* très-court, fortement échancré pour l'insertion
s hanches postérieures, prolongé entre celles-ci en un lobe peu
illant et subéchancré; à peine avancé entre les intermédiaires en
c ou en angle très-obtus. *Postépisternums* assez étroits, divergeant
à peu en arrière du repli des élytres. *Postépimères* plus ou moins
duites, triangulaires.

Abdomen plus ou moins allongé, subparallèle ou à peine atté-
é tout à fait en arrière; fortement rebordé sur les côtés; à 1er seg-
nt normal souvent un peu recouvert : les suivants subégaux : le
plus grand, largement tronqué et muni à son bord apical d'une
e membrane pâle : le 6e saillant, étroit, rétractile : celui de l'ar-
re souvent caché. *Ventre* à 5e arceau plus grand que les précé-
ts : le 6e plus ou moins saillant, rétractile.

Hanches antérieures grandes, environ de la longueur des cuisses,
llantes, coniques, contiguës. Les *intermédiaires* grandes, ovales-
longues, peu saillantes, rapprochées ou parfois subcontiguës. Les
térieures assez grandes, plus ou moins rapprochées à leur base, fai-
ment divergentes au sommet; à *lame supérieure* conique, subétran-
e dans son milieu; à *lame inférieure* nulle ou enfouie.

Pieds assez courts, assez robustes. *Trochanters* assez petits ou médio-
s, subcunéiformes; les *postérieurs* parfois ovales-oblongs. *Cuisses*
nprimées, subélargies vers leur milieu. *Tibias* graduellement épais-
de la base au sommet, plus ou moins épineux, munis, au bout de
r tranche inférieure, de deux forts éperons, dont l'interne souvent
ucoup plus long; les *antérieurs* plus courts et plus robustes, sim-
ment pubescents ou peu épineux sur leur tranche externe, briève-
nt et très-densement ciliés au sommet de leur face antérieure.
ses *antérieurs* courts, à 4 premiers articles subdéprimés et plus
moins dilatés, spongieux en dessous; les *intermédiaires* et *postérieurs*
ins courts, à peine atténués vers leur extrémité, à 1er article sub-
ngé : les 2e à 4e graduellement moins longs : le dernier en massue
ngée, grêle, un peu plus long que le 1er. *Ongles* médiocres, grêles,
nés.

Obs. Les espèces de ce genre, de grande ou d'assez petite taille, on
la démarche ordinairement peu agile. On les rencontre sous les pierres
les feuilles tombées, les mousses, les écorces, et dans les troncs cariés
des arbres.

Elles sont peu nombreuses. En voici le tableau :

a. *Le 3ᵉ article des antennes* suballongé, d'un tiers plus
    long que le 2ᵉ. *Le dernier article des palpes*, surtout
    des *labiaux*, conico-fusiforme, subémoussé au bout.
    Elytres rousses, presque de la longueur du prothorax.
    Taille grande .... *fulvipennis*

aa. *Le 3ᵉ article des antennes* oblong, un peu ou à peine plus
    long que le 2ᵉ. *Le dernier article des palpes* conique,
    parfois subémoussé au bout. *Taille* moyenne ou assez
    petite.

   b. *Elytres* sensiblement plus courtes que le prothorax.
    c. *Téte* subovalaire, subparallèle sur ses côtés, de la
      largeur du prothorax.
     d. *Prothorax* marqué de chaque côté du disque de
       3 points en ligne, dont l'antérieur contre le bord
       antérieur même. *Elytres* d'un quart plus courtes
       que le prothorax. *Corps* généralement brunâtre. *lapidicola.*
     dd. *Prothorax* marqué de chaque côté du disque de
       3 points en ligne, dont l'antérieur écarté du
       bord antérieur. *Elytres* d'un tiers plus courtes
       que le prothorax. *Corps* généralement d'un roux
       obscur .... *myrmecophilus*
   cc. *Téte* ovale-oblongue, subarquée sur les côtés, un
      peu moins large que le prothorax. *Celui-ci* d'un
      roux testacé, à point antérieur des côtés sur le
      bord antérieur même........................ *melanocephalus*
  bb. *Elytres* plus longues que le prothorax. *Téte* ovale-
    suboblongue, un peu moins large que le prothorax.
    Celui-ci à point antérieur des côtés presque sur le
    bord antérieur même. *Corps* noir ou brun......... *punctipennis*

1. Othius fulvipenis, Fabricius.

Allongé, linéaire, subdéprimé, d'un noir brillant, avec les palpes
antennes, les élytres, le sommet de l'abdomen et les pieds roux.
ovale-oblongue, de la largeur du prothorax, éparsement ponctuée su

côtés. Antennes à 3ᵉ article suballongé, d'un tiers plus long que le 2ᵉ. Prothorax oblong, subparallèle, presque aussi large que les élytres, à 3ᵉ point des séries latérales légèrement distant du bord antérieur. Elytres suboblongues, presque aussi longues que le prothorax, fortement et éparsement ponctuées. Abdomen subparallèle, finement et assez densement ponctué, plus éparsement en arrière.

♂ *Le 6ᵉ arceau ventral* tronqué ou à peine échancré au sommet, avec un espace déprimé, lisse au-devant de l'échancrure. Celui de l'*armure* saillant, déprimé, profondément échancré, rebordé de chaque côté.

♀ *Le 6ᵉ arceau ventral* largement et à peine arrondi au sommet. Celui de l'*armure* peu saillant, plus ou moins enfoui.

Paederus fulvipennis, Fabricius, Ent. syst. I, II, 537, 4. — Panzer, Ent. Germ., 362, 5.
Staphylinus fulgidus, Paykull, Mon. Staph. 22, 14; — Faun. suec. III, 377, 14.
Staphylinus fulminans, Gravenhorst, Micr. 47, 70; — Mon. 105, 107. — Latreille, Hist. nat. Crust. et Ins. IX, 332, 89. — Gyllenhal, Ins. suec. II, 357, 72.
Gyrohypnus fulminans, Mannerheim, Brach. 33, 9.—*Runde,* Brach. Hal. 11, 7. — Nordmann, Symb. 119, 14.
Gafius fulminans, Boisduval et Lacordaire. Faun. Ent. Par. I, 410, 1.
Staphylinus ustulatus, Gravenhorst, Micr. 46, 69.
Othius fulvipennis, Erichson, Col. March. I, 420, 1; — Gen. et Spec. Staph. 295, 1. — Redtenbacher, Faun. Austr. 690, 3. — Heer, Faun. Helv. I, 427, 1.— Fairmaire et Laboulbène, Faun. Ent. Fr. I, 498, 1.— Kraatz, Ins. Deut. II, 654, 1. — Jacquelin du Val. Gen. Staph. pl. 11, fig 54.— Thomson, Skand. Col. II, 185, 1. — Fauvel, Faun. Gallo-Rhén. III, 368, 1.

Long. 0,0105 (4 l. 3/4). — Long. 0,0015 (2/3 l.).

Corps allongé, linéaire, subdéprimé, d'un noir brillant, avec les élytres rousses ; revêtu sur celles-ci et l'abdomen d'une fine pubescence d'un gris cendré et peu serrée.

Tête ovale-oblongue, à peine rétrécie en avant, de la largeur du prothorax ; finement pubescente et distinctement sétosellée sur les côtés ; parsement ponctuée sur ceux-ci, avec la ponctuation mélangée de points moins forts ; d'un noir très-brillant. *Front* très-large, peu con-

vexe, à peine bissillonné en avant ; marqué entre les yeux de 4 petits
points disposés en quadrille transverse, dont les antérieurs, séparés
par intervalle subimpressionné, sont situés au bout même des sillons
longitudinaux. *Cou* à peine ponctué. *Épistome* incliné, submembraneux
en avant. *Labre* roux, longuement sétosellé à son bord antérieur.
Mandibules d'un noir de poix. *Parties inférieures* de la bouche rousses.

Yeux subarrondis, obscurs.

Antennes assez courtes, un peu plus longues que la tête, légèrement
épaissies ; finement duveteuses et distinctement pilosellées ; entièrement
rousses ; à 1er article en massue allongée et subarquée, subégal aux
2 suivants réunis : les 2e et 3e obconiques : le 2e oblong : le 3e suballongé, d'un tiers plus long que le 2e : les suivants graduellement un
peu plus courts et un peu plus épais : le 4e, à peine oblong : les pénultièmes subtransverses : le dernier en ovale acuminé.

Prothorax oblong, subparallèle, presque aussi large que les élytres ;
largement tronqué ou à peine échancré au sommet, avec les angles
antérieurs à peine infléchis et subarrondis ; subsinué sur ses côtés vus
latéralement ; arrondi à sa base ; à angles postérieurs obtus ; faiblement convexe ; éparsement sétosellé sur les côtés, avec la longue soie
latérale située sur la marge même ; d'un noir luisant, avec les côtés
parfois un peu roussâtres ; marqué de chaque côté du disque de 3
points disposés en triangle, en avant, non loin des angles antérieurs,
sans compter les marginaux (1), et, plus en dedans, de 3 autres
points sétifères, disposés en série longitudinale, dont 2 assez rapprochés près du sommet, et le postérieur beaucoup plus écarté en
arrière. *Repli* subimpressionné, roux.

Écusson lisse ou à peine ridé en travers, brun ou noirâtre.

Élytres en carré suboblong, presque aussi longues que le prothorax ;
subparallèles ou à peine plus larges en arrière ; subdéprimées, surtout
le long de la suture ; fortement et éparsement ponctuées, avec l'intervalle des points très-finement chagriné ; d'un roux fauve et brillant ;
éparsement pubescentes, avec la pubescence subredressée, et 2 ou

____

(1) Nous ne reparlerons plus des *marginaux* et *submarginaux*, qui sont
sans importance.

3 longues soies sur les côtés, dont celle des épaules plus longue et plus obscure. *Épaules* subarrondies.

Abdomen allongé, presque aussi large que les élytres; subparallèle ou atténué tout à fait au sommet; assez convexe; éparsement sétosellé; finement et assez densement ponctué, plus éparsement sur le dos et surtout vers le sommet; d'un noir brillant, avec l'extrémité rousse; à pubescence un peu plus longue, un peu plus serrée et plus couchée que celle des élytres. Le 6e *segment* subtronqué ou à peine arrondi au sommet.

Dessous du corps légèrement pubescent, éparsement ponctué, d'un noir brillant, avec l'antépectus (moins sa carène), le médipectus et le sommet du ventre plus ou moins roux, la marge apicale des arceaux d'un roux de poix. *Métasternum* subdéprimé, finement canaliculé sur sa ligne médiane, éparsement sétosellé. *Ventre* convexe, éparsement et longuement sétosellé.

Pieds pubescents, obsolètement ponctués, roux. *Hanches postérieures* lisses à leur base, ponctuées, pubescentes et même sétosellées après leur étranglement. *Tibias antérieurs* plus densement ponctués vers l'extrémité de leur face antérieure, à ciliation du sommet blonde et brillante.

Patrie. Cette espèce, sans être très-commune, se trouve toute l'année un peu partout, dans les forêts et les lieux élevés, sous les pierres, les mousses, les feuilles mortes, etc.

Obs. Quelquefois les élytres sont plus ou moins rembrunies (*ustulatus*, *Grav.*). Chez les immatures, la tête et le prothorax sont roux, à disque plus ou moins obscur.

M. Fauvel (III, 367) a donné la description de la larve de l'*Othius fulvipennis*.

2. Othius lapidicola, Kiesenwetter.

Allongé, linéaire, subdéprimé, d'un brun de poix brillant, avec la tête et l'abdomen noirs, le sommet de celui-ci, la bouche, les antennes et les pieds roussâtres. Tête subovalaire, de la largeur du prothorax, très-

éparsèment ponctuée sur les côtés. Antennes à 3ᵉ article oblong, un peu plus long que le 2ᵉ. Prothorax oblong, subparallèle, presque aussi large que les élytres, à 3ᵉ point des séries latérales sur le bord antérieur même. Élytres subtransverses, d'un quart plus courtes que le prothorax, assez fortement et subéparsement ponctuées. Abdomen finement et modérément ponctué, plus éparsement vers le sommet.

♂ *Le 6ᵉ arceau ventral* un peu moins prolongé que le segment supérieur correspondant, subtronqué au sommet, avec une faible dépression lisse au-devant de la troncature.

♀ *Le 6ᵉ arceau ventral* simple, aussi prolongé que le segment supérieur correspondant, subarrondi au sommet.

Othius melanocephalus, var. b, c, Heer, Faun. Helv., I, 248, 2.
Othius lapidicola, Kiesenwetter, Stett. Ent. Zeit. IX, 321. — Fairmaire et Laboulbène, Faun. Ent. Fr. I, 498, 3. — Kraatz, Ins. Deut., II, 657, 5.— Fauvel, Faun. Gallo-Rhén., III, 369, 2.

Long. 0,0058 (2 l. 2/3). — Larg, 0,0008 (1/3 l. fort.)

Corps allongé, linéaire, subdéprimé, d'un brun de poix brillant, avec la tête et l'abdomen plus obscurs ; revêtu sur celui-ci et les élytres d'une fine pubescence grisâtre, courte et éparse.

Tête subovalaire, de la largeur du prothorax ; légèrement pubescente sur les tempes, distinctement sétosellée sur les côtés ; très-éparsement et vaguement ponctuée de chaque côté du disque ; d'un noir luisant. *Front* très-large, faiblement convexe, à peine bissillonné en avant, marqué entre les yeux de 4 petits points disposés en quadrille substransverse, dont les antérieurs, un peu moins écartés, situés vers le bout des sillons longitudinaux. *Cou* subconvexe, pointillé en arrière. *Epistome* incliné, submembraneux. *Labre* roux, longuement sétosellé en avant. *Mandibules* obscures. *Parties inférieures de la bouche* rousses.

Yeux subarrondis, brunâtres.

Antennes assez courtes, visiblement plus longues que la tête, subépaissies ; finement duveteuses et distinctement pilosellées ; d'un roux assez foncé ; à 1ᵉʳ article en massue allongée et subarquée, subégal aux 2 suivants réunis : le 2ᵉ et le 3ᵉ obconiques : le 2ᵉ suboblong : le

3ᵉ oblong, un peu plus long que le précédent : les suivants graduellement plus courts et plus épais : le 4ᵉ, subcarré : les 5ᵉ à 10ᵉ sensiblement
transverses, avec les pénultièmes plus fortement : le dernier en ovale
subacuminé.

Prothorax oblong, subparallèle, presque aussi large que les élytres;
tronqué au sommet, avec les angles antérieurs infléchis et arrondis; à
peine sinué sur les côtés vus latéralement ; subarrondi à sa base, avec
les angles postérieurs obtus; faiblement convexe; distinctement sétosellé sur les côtés, avec la longue soie latérale située sur la marge
même; d'un brun de poix luisant et parfois un peu roussâtre, avec le
disque rembruni ; marqué de chaque côté de celui-ci de 1 ou 2 points
obliquement disposés en avant, et, plus en dedans, de 3 autres points
sétifères disposés en série longitudinale, dont l'antérieur situé contre
le bord antérieur même, et le postérieur beaucoup plus écarté. *Repli*
subexcavé, d'un roux testacé.

Écusson presque lisse, brunâtre.

Élytres en carré subtransverse, d'un quart plus courtes que le prothorax, subparallèles; subdéprimées; assez fortement et subéparsement ponctuées; d'un brun de poix brillant et souvent roussâtre; à
pubescence éparse et subredressée, avec quelques soies plus longues
sur les côtés, dont 1 vers le milieu, notamment plus longue, ainsi
que 1 ou 2 autres sur les épaules. *Celles-ci* étroitement arrondies.

Abdomen allongé; presque aussi large à sa base que les élytres; subparallèle ou à peine arqué sur les côtés; assez convexe; éparsement
sétosellé; finement et modérément pointillé, plus éparsement sur le
dos et surtout vers le sommet; d'un noir brillant, avec l'extrémité
d'un roux de poix; à pubescence un peu plus serrée et plus couchée
que celle des élytres. *Le 6ᵉ segment* subarrondi au sommet.

Dessous du corps finement pubescent, finement et modérément ponctué (1), d'un noir de poix brillant, avec le prosternum et le mésosternum moins foncés, et le sommet du ventre roux. *Métasternum* subdéprimé, finement canaliculé sur sa ligne médiane. *Ventre* convexe,
éparsement sétosellé.

(1) Le dessous de la tête, dans toutes les espèces, est plus lisse ou plus
éparsement ponctué.

Pieds légèrement pubescents, éparsement ponctués, roux ou d'un roux de poix. *Hanches postérieures* lisses et parfois plus obscures à leur base, ponctuées après leur étranglement. *Tibias antérieurs* graduellement plus ponctués vers leur extrémité.

Patrie. Cette espèce est rare. Elle se prend, en juillet et août, sous les pierres et les écorces, dans les zones subalpines, en Savoie, dans les Hautes-Alpes, à la Grande-Chartreuse, etc.

Obs. Quelquefois les élytres sont d'un roux de poix subtestacé.

L'*Othius crassus* de Molschulsky (*Bull. mosc.*, 1858, III, 210) ne semble pas convenir au *lapidicola*, à cause de cette phrase : « **2e** *article des antennes de la longueur du* **3e**. » Il en est de même du *suturalis* du même auteur (211), qui dit « *ponctuation des élytres fine et épaisse.* »

3. **Othius myrmecophilus**, Kiesenwetter.

Allongé, linéaire, peu convexe, d'un brun de poix brillant, avec la tête et l'abdomen plus obscurs, le sommet de celui-ci, la bouche, les antennes et les pieds roussâtres. Tête subovalaire, de la largeur du prothorax, très-éparsement ponctuée sur les côtés. Antennes à 3e article oblong, à peine plus long que le 2e. Prothorax oblong, subparallèle, de la largeur des élytres, à 3e point des séries latérales assez écarté du bord antérieur. Élytres subtransverses, d'un tiers plus courtes que le prothorax, fortement et modérément ponctuées. Abdomen très-finement et assez densement ponctué, éparsement vers le sommet.

♂ *Les* 5e *et* 6e *arceaux du ventre* tronqués ou à peine échancrés dans le milieu de leur bord apical, avec une faible dépression lisse au-devant de l'échancrure.

♀ *Le* 5e *arceau ventral* simple, le 6e subarrondi à son bord apical.

Othius myrmecophilus, Kiesenwetter, Stett. Ent. Zeit., IV, 308. — Redtenbacher, Faun. austr., 824, 702. — Kraatz, Ins. Deut., II, 658, 6. — Rye, Ent. Ann. 1867, 65. — Thomson, Skand. Col. II, 186, 3. — Fauvel, Faun. Gallo-Rhén., III, 369, 3.
Othius dilutus, Motschulsky, Bull. Mosc., 1858, III, 210.

Long. 0,0052 (2 l. 1/3). — Larg. 0,0007 (1/3 l.).

Corps allongé, linéaire, peu convexe, d'un brun de poix brillant, avec la tête et l'abdomen plus foncés ; revêtu sur celui-ci et les élytres d'une fine pubescence d'un gris blond, courte et peu serrée.

Tête subovalaire, environ de la largeur du prothorax ; légèrement pubescente sur les tempes, assez fortement sétosellée sur les côtés ; très-éparsement et vaguement ponctuée de chaque côté du disque ; d'un noir de poix luisant. *Front* très-large, à peine convexe, obsolètement bissillonné et parfois subimpressionné en avant, marqué entre les yeux de 4 points disposés en quadrille et dont les antérieurs à peine moins écartés. *Cou* convexe, éparsement ponctué. *Épistome* incliné, corné ou subcorné. *Labre* d'un brun ou d'un roux de poix, longuement sétosellé en avant. *Mandibules* obscures. *Palpes* roux.

Yeux subarrondis, obscurs, parfois grisâtres et micacés.

Antennes assez courtes, un peu plus longues que la tête, faiblement épaissies ; finement duveteuses et distinctement pilosellées, rousses ; à 1er article en massue allongée et subarquée, subégal aux 2 suivants réunis : les 2e et 3e oblongs, obconiques : le 3e non ou à peine plus long que le 2e : les suivants graduellement un peu plus courts et à peine plus épais : le 4e, subcarré : les 5e à 10e transverses, avec les pénultièmes plus fortement : le dernier en ovale subacuminé.

Prothorax oblong, subparallèle, environ de la largeur des élytres ; tronqué au sommet, avec les angles antérieurs subinfléchis et subarrondis ; à peine sinué sur les côtés vus latéralement ; subarrondi à sa base, avec les angles postérieurs très-obtus ; faiblement convexe ; éparsement sétosellé sur les côtés, avec la longue soie latérale située sur le rebord même ; d'un brun de poix luisant et parfois roussâtre, avec le disque rembruni ; marqué de chaque côté de celui-ci de 2 points obliquement disposés dans l'ouverture des angles antérieurs, et, plus en dedans, de 3 autres points sétifères, disposés en série longitudinale, dont l'antérieur assez écarté du bord antérieur, et le postérieur beaucoup plus en arrière. *Repli* presque plan, d'un roux testacé.

Ecusson presque lisse, brunâtre.

Elytres subtransverses, d'un tiers plus courtes que le prothorax, un peu ou à peine plus larges en arrière qu'en avant ; subdéprimées ou à peine convexes ; fortement et modérément ponctuées ; d'un brun de poix brillant et souvent roussâtre ; à pubescence semi-couchée, éparse et parfois peu distincte, avec quelques soies redressées sur les côtés, dont 1 beaucoup plus longue vers le milieu de ceux-ci, 2 sur les épaules, et parfois une 4ᵉ vers l'écusson, également beaucoup plus longues. *Epaules* étroitement arrondies.

Abdomen plus ou moins allongé, aussi large que les élytres, subparallèle ou à peine arqué sur les côtés ; assez fortement convexe ; éparsement sétosellé ; très-finement et assez densement ponctué, éparsement vers le sommet ; d'un noir de poix assez brillant, avec l'extrémité plus ou moins roussâtre ; à pubescence un peu plus serrée, plus distincte et plus couchée que celle des élytres. *Le 6ᵉ segment* subarrondi au sommet.

Dessous du corps finement pubescent, finement ponctué, d'un brun de poix brillant, avec la poitrine et l'extrémité du ventre plus claires et souvent d'un roux testacé. *Métasternum* subdéprimé, finement canaliculé sur sa ligne médiane. *Ventre* convexe, éparsement sétosellé.

Pieds finement pubescents, légèrement ponctués, d'un roux plus ou moins testacé, avec les hanches parfois à peine plus foncées.

Patrie. Cette espèce est assez commune, en été, dans les montagnes, sous les feuilles mortes, sous les écorces et dans la carie des vieux arbres, et parfois en compagnie de fourmis, surtout des *fuliginosa* et *congerens :* la Normandie, l'Auvergne, les montagnes du Lyonnais, le Bugey, les Alpes, les Pyrénées, etc.

Obs. Elle diffère du *lapidicola* par sa forme un peu plus étroite ; par le point antérieur des séries du prothorax plus écarté du bord ; par ses élytres plus courtes et un peu moins lâchement ponctuées ; par son abdomen plus finement et plus densement pointillé. Sa couleur est généralement moins obscure, etc.

Celle-ci varie du brun au roux testacé, avec la tête restant plus foncée. Chez les immatures, tout le corps est testacé.

Les élytres paraissent plus ou moins courtes.

Elle est souvent confondue, dans les collections, avec le *melanocephalus*.

M. Tournier, de Genève, nous en a donné quelques échantillons de

le un peu moindre, à couleur plus obscure, à prothorax un peu plus
[ué sur les côtés, avcc le point antérieur des rangées un peu moins
rté du bord. Nous les regardons comme une variété locale, dont nos
es français nous offrent parfois des exemples.

?ar la forme de sa tête, le *brevipennis* de Kraatz (Ins. Deut., II,
7, 4), espèce de Styrie, doit être rapproché du *myrmecophilus*. Le
)thorax est plus large, un peu plus arqué sur les côtés, à point anté-
:ur des séries tantôt sensiblement, tantôt légèrement écarté du bord
ical. Les élytres, encore plus courtes, sont un peu plus convexes.
 taille est un peu plus grande. En tous cas, c'est là une espèce peu
mchée, comme intermédiaire entre le *myrmecophylus* et *melanoce-*
alus.

4. **Othius melanocephalus**, Gravenhorst.

Allongé, sublinéaire, peu convexe, d'un brun de poix brillant, avec
  tête noire, la bouche, les antennes, le prothorax, le sommet de l'ab-
men et les pieds d'un roux testacé. Tête ovale-oblongue, un peu moins
rge que le prothorax, très-éparsement ponctuée sur ses côtés. Antennes
3ᵉ article oblong, un peu plus long que le 2ᵉ. Prothorax oblong, à peine
'qué sur les côtés, un peu moins large que les élytres, à 3ᵉ point des
ries latérales contre le bord antérieur même. Elytres d'un quart plus
urtes que le prothorax, fortement et peu densement ponctuées. Abdomen
iement et assez densement ponctué, plus éparsement vers le sommet.

♂ *Le 6ᵉ arceau ventral* subtronqué au sommet, avec une faible
pression au-devant de la troncature; un peu moins prolongé que le
gment supérieur correspondant.

   Le ♀ *6ᵉ arceau ventral* arrondi au sommet, un peu plus prolongé
ue le segment supérieur correspondant.

taphylinus melanocephalus, Gravenhorst, Mon. 107, 111.— Gyllenhal, Ins.
   Suec. II, 360, 74.
yrohypnus melanocephalus, Mannerheim , Brach, 34, 15. — Nordmann,
   Symb. 120, 21.
lthius melanocephalus, Erichson, Col. March. 1, 421, 2; — Gen. et Speo.

Staph. 295, 2. — Redtenbacher, Faun. Austr. 690, 3. — Heer, Faun. Helv. I, 248, 2. — Fairmaire et Laboulbène, Faun. Ent. Fr. I, 498, 2. — Kraatz, Ins. Deut. II, 656, 3. — Thomson, Skand. Col II, 185, 2. — Fauvel, Faun. Gallo-Rhén. III, 371, 5.

Long. 0,0055 (2 l. 1/2). — Long. 0,0007 (1/3 l.).

Corps allongé, sublinéaire, subatténué en avant, peu convexe, d'un brun de poix brillant, avec le prothorax d'un roux testacé et les élytres souvent d'un roux brunâtre ; revêtu sur celles-ci et l'abdomen d'une fine pubescence cendrée, courte et peu serrée.

Tête ovale-oblongue, subarquée latéralement, un peu moins large que le prothorax ; légèrement pubescente sur les tempes ; assez fortement sétosellée sur les côtés ; très-éparsement et vaguement ponctuée de chaque côté du disque ; d'un noir de poix luisant. *Front* très-large, faiblement convexe, obsolètement bissillonné en avant ; marqué entre les yeux de 4 points disposés en quadrille subtransverse et dont les antérieurs terminent les sillons longitudinaux. *Cou* subconvexe, finement ponctué. *Epistome* incliné, submembraneux antérieurement. *Labre* roux, longuement sétosellé en avant. *Mandibules* brunes. *Parties de la bouche* d'un roux testacé.

Yeux subarrondis, obscurs, parfois lavés de gris.

Antennes assez courtes, un peu plus longues que la tête ; légèrement épaissies ; finement duveteuses et distinctement pilosellées ; d'un roux subtestacé ; à 1er article en massue allongée et subarquée, au moins égal aux 2 suivants réunis : les 2e et 3e oblongs, obconiques : le 3e un peu plus long que le 2e : les suivants graduellement à peine plus épais : le 4e subcarré : le 5e faiblement, les 6e à 10e sensiblement transverses, subégaux : le dernier en ovale subacuminé.

Prothorax oblong, à peine arqué sur les côtés, un peu moins large que les élytres : tronqué au sommet, avec les angles antérieurs infléchis et arrondis ; à peine visiblement sinué en arrière sur les côtés vus latéralement ; subarrondi à sa base, avec les angles postérieurs très-obtus ; légèrement convexe ; éparsement sétosellé sur les côtés, avec la longue soie latérale située sur le rebord même ; d'un roux testacé luisant, avec le milieu parfois à peine rembruni ; marqué de chaque côté du disque de 1 point solitaire situé près du bord anté-

r, et, plus en dedans, de 3 autres points sétifères, dont l'antérieur
ndre et placé sur le bord antérieur même. *Repli* presque plan,
ιcé.

cusson presque lisse, roux.

lytres transverses, d'un quart ou d'un tiers plus courtes que le
horax, subparallèles ; subdéprimées ; fortement et éparsement
ubéparsement ponctuées ; d'un brun ou d'un roux de poix bril-
avec le repli, ou au moins le calus huméral, souvent plus clair ;
ιbescence très-éparse et semi-redressée, avec quelques soies sur
côtés, dont 1 vers le milieu de ceux-ci, et 2 sur les épaules,
ιcoup plus longues. *Epaules* étroitement arrondies.

bdomen allongé, presque aussi large que les élytres, subparallèle
ι peine arqué sur les côtés ; assez convexe ; éparsement sétosellé ;
ment et assez densement ponctué, plus lâchement en arrière ; d'un
ɒ de poix assez brillant, avec le sommet d'un roux testacé ; à
escence un peu plus serrée, un peu moins courte et plus couchée
celle des élytres. *Le 6ᵉ segment* subarrondi au sommet.

essous du corps finement pubescent, finement ponctué, d'un brun
ιoix brillant, avec l'antépectus, le médipectus et l'extrémité du
ɪre d'un roux testacé. *Métasternum* subdéprimé, obsolètement caua-
lé sur son milieu. *Ventre* convexe, éparsement sétosellé.

ieds légèrement pubescents, éparsement ponctués, d'un roux tes-
, parfois assez pâle.

ᴀᴛʀɪᴇ. Cette espèce, propre aux lieux élevés, se rencontre, en été et
ιutomne, sous les écorces des racines des vieux arbres, dans les
ges, l'Alsace, l'Auvergne, les montagnes du Lyonnais, la Savoie,
Alpes, les Pyrénées, etc.

ʙꜱ. Comme dans cette espèce, qui ressemble beaucoup au *myrme-*
ɦilus, la tête est un peu plus étroite que le prothorax, et celui-ci,
ι les élytres, l'avant-corps paraît par là plus atténué en avant. La
est un peu plus oblongue et un peu plus arquée sur les côtés ; le
thorax est moins parallèle, d'une couleur généralement plus claire,
ɔint antérieur des séries sur le bord même.

ɪlle varie beaucoup. Le prothorax et les élytres sont parfois entiè-

2

rement d'un roux testacé. D'autres fois presque tout le corps est d
cette dernière couleur, avec les élytres encore plus courtes.

On doit sans doute appliquer au *melanocephalus* le 6-*punctatus* d'Ha
liday (Ent. 187).

5. **Othius punctipennis ;** BOISDUVAL et LACORDAIRE.

*Allongé, sublinéaire, peu convexe, d'un noir brillant, avec les élytr
souvent moins foncées, les palpes et les antennes ferrugineuses, la ba
de celles-ci rembrunie, et les pieds testacés. Tête ovale-suboblongue, un pe
moins large que le prothorax , très-éparsement ponctuée sur les côté
Antennes à 3e article à peine plus long que le 2e. Prothorax oblon*
*subparallèle, un peu moins large que les élytres, à 3e point des séri
latérales sur le bord antérieur même. Élytres un peu plus longues que
prothorax, fortement et modérément ponctuées. Abdomen très-finemel
et éparsement ponctué.*

♂ *Le 6e arceau ventral* un peu moins prolongé que le segmei
supérieur correspondant, tronqué ou à peine sinué dans le milieu (
son bord apical, avec une faible dépression au-devant de la tronç
ture.

♀ *Le 6e arceau ventral* un peu plus prolongé que le segment sup
rieur correspondant, subarrondi ou subangulairement arrondi à so
bord apical.

Staphylinus punctipennis, BOISDUVAL et LACORDAIRE, Faun. Ent. Par.
409, 44.
Othius punctipennis, ERICHSON, Gen. et Spec. Staph. 296, 3. — REDTENB
CHER, Faun. Austr. 690, 2. — HEER, Faun. Helv. I, 581, 2. — KRAATZ, In
Deut. II, 655, 2.
Othius laeviusculus, FAUVEL, Faun. Gallo-Rhén. III, 370, 4.

Variété *a. Antennes* et *élytrés* entièrement testacées.

Long. 0,0055 (2 l. 1/2). — Long. 0,0007 (1/3 l.).

Corps allongé, sublinéaire, subatténué en avant, peu convexe, d'

brillant, avec les élytres souvent moins foncées; revêtu sur celles-
l'abdomen d'une fine pubescence grise et très-peu serrée.

te ovale-suboblongue, subparallèle sur le milieu de ses côtés,
lement un peu moins large que le prothorax; légèrement pubes-
sur les tempes, distinctement sétosellée et très-éparsement ponc-
de chaque côté du disque; d'un noir luisant. *Front* large, peu
exe, bissillonné en avant; marqué entre les yeux de 4 petits
ts disposés en quadrille subtransverse et dont les antérieurs, un
moins écartés, terminent les sillons. *Cou* subconvexe, pointillé
rrière. *Epistome* incliné, subcorné, roussâtre en avant. *Labre* d'un
de poix, longuement sétosellé au sommet. *Mandibules* brunes.
ies inférieures de la bouche d'un roux ferrugineux.
ux subarondis, obscurs.
tennes assez courtes, sensiblement plus longues que la tête; sub-
rmes ou à peine épaissies; très-finement duveteuses et légère-
t pilosellées; d'un roux ferrugineux, avec les 3 premiers articles
ent rembrunis; le 1er en massue allongée et subarquée, subégal
2 suivants réunis: les 2e et 3e obconiques, oblongs ou même
llongés: le 3e non ou à peine plus long que le 2e: les suivants
luellement à peine plus épais et un peu plus courts: le 5e sub-
ng, le 5e subcarré: les 7o à 10e légèrement transverses, avec les
ultièmes plus sensiblement: le dernier en ovale subacuminé.
rothorax oblong, subparallèle ou à peine arqué sur les côtés, un
moins large que les élytres; tronqué au sommet, avec les angles
érieurs infléchis et subarrondis; presque rectiligne ou à peine
é sur les côtés vus latéralement; subarrondi à sa base, avec les
les postérieurs très-obtus; faiblement convexe; sétosellé sur les
s avec la longue soie latérale située sur le rebord même; d'un
r luisant; marqué de chaque côté du disque de 1 point solitaire
é près du bord antérieur, et, plus en dedans, de 3 autres points
fères, dont l'antérieur moindre et placé presque sur le bord
me, et le postérieur beaucoup plus en arrière. *Repli* presque plan,
n roux de poix.
Ecusson lisse, d'un noir brillant.
Élytres suboblongues, évidemment un peu plus longues que le pro-

thorax, un peu plus larges en arrière qu'en avant ; subdéprimées o
à peine convexes, parfois obsolètement sillonnées ou striées le lon
de la suture ; fortement et modérément ponctuées ; d'un noir d
poix brillant, avec la marge apicale et parfois la suture moins fon
cées ; à pubescence courte, très-éparse et semi-couchée, avec quelque
soies redressées sur les côtés, dont 1 vers le milieu de ceux-ci, 2 su
les épaules, et une 4ᵉ vers l'écusson (1), beaucoup plus longues
Epaules subarrondies.

Abdomen suballongé ; à peine moins large que les élytres ; subpa
rallèle ou subatténué en arrière ; assez convexe ; distinctement séto
sellé ; très-finement et éparsement ponctué, un peu plus densemen
sur les côtés, mais plus lisse vers le sommet ; d'un noir brillant
avec marge postérieure du dernier segment couleur de poix ; à pubes
cence moins courte, plus serrée et plus couchée que celle des élytres
Le 6ᵉ segment subarrondi au sommet.

Dessous du corps finement pubescent, finement ponctué, d'un noi
de poix brillant, avec l'extrémité du ventre roussâtre. *Métasternu*
faiblement convexe. *Ventre* convexe, éparsement sétosellé, plus lon
guement en arrière.

Pieds finement pubescents, légèrement ponctués, testacés avec le
hanches postérieures toujours plus foncées ou rembrunies.

Patrie. Cette espèce est commune, toute l'année, dans presque tout
la France, sous les mousses, les feuilles mortes, les détritus, le
fumiers secs, et parfois avec les fourmis (*rufa et fuliginosa*). Elle s
rencontre jusque dans les jardins et les basses-cours.

Obs. Elle est toujours plus noire que les espèces précédentes. Le
élytres sont visiblement plus longues, et elles commencent parfois
montrer plus clairement la strie suturale qu'on observe dans le genr
suivant.

Les antennes et les élytres sont parfois entièrement ferrugineuse
ou testacées. Chez les exemplaires de Corse, celles-ci sont générale
ment noires, et les antennes plus obscures.

(1) Cette soie de l'écusson, souvent caduque, se montre aussi quelquefoi
dans les autres espèces.

Le *fuscicornis*, Heer (581) se rapporte aux exemplaires à antennes
:mbrunies à leur base.

Le *laeviusculus* de Stephens (Ill. Brit. V. 255) est sans doute syno-
yme de *punctipennis*.

Genre *Baptolinus*, BAPTOLIN; KRAATZ.

raatz, Ins. Deut. II, 659. — *Atrecus, Jacquelin Du Val*, Gen. Staph. 31,
pl. 11, fig. 55.

Etymologie : βαπτός, coloré.

CARACTÈRES. *Corps* allongé, étroit, linéaire, subdéprimé, ailé.

Tête grande, saillante, subovalaire ou subtransverse, obsolètement
issillonnée en avant, portée sur un col court, assez épais, aussi large
u à peine plus large que la moitié du vertex (1). *Tempes* obsolètement
u à peine rebordées sur les côtés, contiguës ou subcontiguës en
rrière en dessous. *Epistome* court, incliné, submembraneux, tron-
ué au sommet. *Labre* étroit, subcorné ou submembraneux, sinué
u subangulairement échancré en avant. *Mandibules* saillantes, robus-
s, largement déprimées-sillonnées en dehors, fortement unidentées
ers le milieu de leur tranche interne, droites ou à peine sinuées
xtérieurement, assez brusquement recourbées et croisées au repos
leur extrémité. *Palpes maxillaires* assez développés, à 1er article
etit : le 2e en massue arquée : le 3e obconique, aussi épais et presque
gal au 2e : le dernier en cône acuminé. *Palpes labiaux* courts, à
er article petit: le 2e plus grand, plus épais ; le dernier plus long,
onico-fusiforme, acuminé. *Menton* à peine transverse, trapéziforme,
lus étroit en avant, tronqué au sommet.

Yeux petits, légèrement saillants, subarrondis, situés loin du prohorax.

Antennes courtes, légèrement coudées, sensiblement épaissies ; à

(1) Outre les points sétosellés des côtés et de la base, la tête offre
! points transversalement disposés en arrière sur le front, 2 autres plus
approchés entre les yeux, sans compter les juxta-oculaires.

1er article renflé en massue allongée et subarquée, plus long que les
2 suivants réunis : ceux-ci obconiques : le 3e un peu plus long que
le 2e : les 4e et 5e moniliformes : les suivants graduellement plus
épais et plus ou moins fortement transverses, non contigus : le dernier en ovale subacuminé.

Prothorax oblong, subparallèle, un peu moins large que les élytres,
largement tronqué au sommet, subarrondi à sa base ; très-finement
rebordé sur celle-ci et sur les côtés, avec le rebord de ceux-ci non
retourné en dessous des angles antérieurs (1). *Repli* médiocre ou
assez grand, incliné, visible vu de côté, à *opercule* distinct, parfois
très-court, séparé par une arête.

Ecusson médiocre, triangulaire ou subogival.

Elytres en carré suboblong ; largement tronquées ou à peine échan-
crées simultanément à leur bord apical ; arrondies à leur angle
postéro-externe ; subrectilignes sur les côtés ; très-finement rebordées
sur la suture ; à strie suturale bien marquée. *Repli* assez large, subvertical, subparallèle. *Epaules* légèrement saillantes.

Prosternum sensiblement développé au-devant des hanches antérieures ; offrant entre celles-ci un angle à sommet assez brusquement
rétréci en pointe aiguë, carinulée et subrelevée ; subéchancré en
avant, avec la *pièce antésternale* à suture médiane souvent peu distincte, à diamètre antéro-postérieur un peu moins long que le tiers
du diamètre transversal. *Mésosternum* sensiblement prolongé au
devant des hanches intermédiaires, profondément et angulairement
échancré en avant ; à lame médiane en angle assez ouvert et à côtés
cintrés, parcourue depuis sa base par une carène saillante, prolongée en arrière en lame tranchante, sur un dos d'âne, jusqu'à la
moitié des hanches environ. *Médiépisternums* très-grands, triangulaires, séparés du mésosternum par une fine arête oblique et arquée.
Médiépimères allongées, plus ou moins resserrées. *Métasternum* court,
échancré pour l'insertion des hanches postérieures, prolongé entre

(1) Outre les points marginaux ou submarginaux, le prothorax présente 1 point en avant de chaque côté du disque, et 2 autres vers ou
après le milieu du dos.

elles-ci en un lobe court et angulairement subéchancré ; plus ou moins fortement avancé en pointe mousse entre les intermédiaires. *Postépisternums* étroits, sublinéaires. *Postépimères* très-réduites, cunéiformes, parfois peu distinctes.

Abdomen suballongé, subparallèle ou subarqué sur les côtés ; fortement rebordé sur ceux-ci ; à 4 premiers segments subégaux, le 5e plus grand ; le 6e assez saillant, étroit, rétractile ; celui de l'armure parfois apparent. *Ventre* à 2e arceau basilaire prolongé en forme de carène tranchante jusque sur le milieu du 1er normal ; celui-ci et les suivants subégaux, le 5e plus grand : le 6e plus ou moins saillant, rétractile.

Hanches antérieures grandes, presque aussi longues que les cuisses, saillantes, coniques, contiguës. *Les intermédiaires* grandes, oblongues, à peine saillantes, légèrement écartées. *Les postérieures* médiocres, approchées à leur base, divergentes au sommet ; *à lame supérieure* conique, étranglée dans son milieu ; *à lame inférieure* nulle ou enfouie.

Pieds assez courts, assez robustes. *Trochanters* assez petits, subcunéiformes. *Cuisses* subcomprimées, subélargies vers leur milieu. *Tibias* graduellement subépaissis de la base au sommet, munis au bout de leur tranche inférieure de 2 éperons médiocres ; *les intermédiaires* visiblement, *les postérieurs* et *antérieurs* non ou à peine, épineux ; ceux-ci plus courts et plus robustes. *Tarses antérieurs* courts, à 4 premiers articles subdéprimés et dilatés, le 4e moins fortement ; *les intermédiaires* et *postérieurs* moins courts, subatténués vers leur extrémité, à 4 premiers articles faiblement subdéprimés, subtriangulaires, graduellement plus courts ; le 1er des intermédiaires sensiblement plus long que le 2e ; le 1er des postérieurs un peu plus long que le suivant (1) : le dernier de tous les tarses allongé, en massue grêle, beaucoup plus long que le 1er. *Ongles* assez petits, grêles, arqués.

Obs. Les espèces de ce genre sont de taille médiocre. Elles vivent sous les écorces ou dans les troncs pourris des arbres.

---

(1) Jacquelin Du Val et quelques auteurs après lui donnent ce 1er article comme subégal au suivant. Nous l'avons constamment vu un peu plus long que le 2e.

Les carènes du mésosternum et de la base du ventre suffisent pou[r]
caractériser cette coupe générique. De plus, la tête est plus courte[,]
le labre n'est point bilobé ; les tempes sont parfois obsolètemen[t]
rebordées ; les mandibules, plus droites et plus saillantes, ont leu[r]
dent interne plus prononcée ; les antennes sont plus épaisses relative[-]
ment vers leur extrémité ; le repli du prothorax est muni d'un oper[-]
cule (1) à son côté interne ; la strie suturale des élytres est bie[n]
marquée ; le 1er article des tarses postérieurs est plus court.

Le genre *Baptolinus* se résume à 3 espèces, dont voici les diffé[-]
rences :

a. *Tête* subtransverse, un peu plus large que le prothorax, à
pores juxta-oculaires joignant le bord interne de l'œil.
Opercule prothoracique assez grand, subtriangulaire. *Les
4e et 5e articles des antennes* assez courts, subglobuleux :
le 3e à peine plus long que le 2e. *Elytres* peu brillantes,
ridées-chagrinées. *Corps* noir, avec les épaules, les tranches latérales et le sommet de l'abdomen roussâtres... *pilicornis.*

aa. *Tête* en carré subarrondi, à peine plus large que le prothorax, à *pores juxta-oculaires* un peu écartés du bord
interne de l'œil. *Opercule prothoracique* étroit, linéaire.
Les 4e et 5e articles des antennes un peu moins courts, à
peine oblongs : le 3e un peu plus long que le 2e. *Elytres*
brillantes, très-finement et à peine pointillées. *Corps*
roux, avec la tête, la majeure partie des élytres et les 4e
et 5e segments de l'abdomen rembrunis.............. *alternans.*

aaa. *Tête* subovalaire, aussi large ou à peine aussi large que le
prothorax, à *pores juxta-oculaires* situés tout près du
bord interne de l'œil. *Opercule prothoracique* transverse,
naviculaire. *Les 4e et 5e articles des antennes* suboblongs :
le 3e évidemment plus long que le 2e. *Elytres* brillantes,
obsolètement et confusément ponctuées. *Corps* d'un brun
de poix, avec les épaules et l'abdomen roux ; *celui-ci*
distinctement ponctué sur les côtés, à 5e segment rembruni à sa base.................................... *longiceps.*

(1) Ainsi que nous l'avons dit ailleurs, cet opercule représente, au[x]
yeux de Thomson, l'épimère du prosternum. Cet habile observateur [a]
profité, en plusieurs cas, de ce caractère organique, pour créer des genre[s]
distincts.

1. **Baptolinus pilicornis**, Paykull.

Allongé, linéaire, subdéprimé, d'un noir de poix brillant, avec la bouche, les antennes, les pieds, les épaules, les tranches latérales et le sommet de l'abdomen roussâtres. Tête subtransverse, un peu plus large que le prothorax, creusée de quelques gros points sur les côtés, à pores juxta-oculaires joignant le bord interne même de l'œil. Antennes à 3ᵉ article non ou à peine plus long que le 2ᵉ; les 4ᵉ et 5ᵉ subglobuleux. Prothorax oblong, un peu moins large que les élytres ; celles-ci de la longueur du prothorax, moins brillantes, obsolètement ridées-chagrinées. Abdomen éparsement ponctué sur les côtés.

♂ *Le 6ᵉ arceau ventral* moins prolongé que le segment supérieur correspondant; subsinué à son sommet, avec une faible dépression lisse au-devant du sinus.

♀ *Le 6ᵉ arceau ventral* aussi prolongé que le segment supérieur correspondant, subarrondi au sommet.

Staphylinus pilicornis, Paykull, Mon. Car. App. 335, 14-15 ;— Faun. Suec., III, 379, 16. — Gyllenhall, Ins. Suec., II, 359, 73.
Xantholinus pilicornis, Zetterstedt, Faun. Lapp., I, 81, 3.
Gyrohypnus pilicornis, Mannerheim, Brach. 34, 10.— Nordmann, Symb. 119, 16. — Thomson, Skand. Col. II, 187, 1.
Othius pilicornis, Erichson, Col. March., I, 421, 3 ;—Gen. et Spec. Staph., 296, 4. — Redtenbacher, Faun. Austr., 690, 1.— Heer, Faun. Helv., I, 248, 3.
Baptolinus pilicornis, Kraatz, Ins. Deut., II, 661, 2.— Fauvel, Faun. Gallo-Rhén., III, 372, 1.

Variété. Corps presque entièrement testacé, avec la tête parfois plus foncée.

Long. 0,006 (2 l. 3/4). — Larg. 0,0009 (2/5 l.)

Corps allongé, linéaire, subdéprimé, d'un noir de poix, moins brillant sur les élytres, avec celles-ci presque glabres et leurs épaules plus claires ; revêtu sur l'abdomen d'une pubescence blonde, très-peu serrée et parfois peu distincte.

Tête en carré subtransverse, un peu plus large que le prothorax; éparsement sétosellée; marquée de chaque côté du disque et en arrière de quelques gros points enfoncés, dont 2 pores plus gros et écartés sur le vertex; d'un noir luisant, à fond à peine chagriné. *Front* très-large, faiblement convexe, très-obsolètement bissillonné-impressionné en avant, avec 2 ou 3 points en ligne longitudinalement suboblique au-dessus de l'insertion de chaque antenne; marqué entre les yeux de 2 points transversalement disposés et plus rapprochés entre eux que des juxta-oculaires, qui joignent le bord interne de l'œil. *Cou* convexe, presque lisse. *Epistome* submembraneux, pâle. *Labre* subcorné, roux, sétosellé en avant. *Mandibules* brunâtres. *Palpes* d'un roux de poix subtestacé.

Yeux arrondis, noirâtres.

Antennes courtes, un peu plus longues que la tête; sensiblement épaissies; finement duveteuses et fortement pilosellées; d'un roux de poix; à 1er article en massue allongée et subarquée, presque aussi long que les 3 suivants réunis : les 2e et 3e oblongs, obconiques : le 3e non ou à peine plus long que le 2e : les 4e et 5e assez courts, subglobuleux : les 6e à 10e graduellement plus épais, fortement ou très-fortement transverses : le dernier en ovale subacuminé.

Prothorax oblong, subparallèle ou à peine plus étroit en arrière; un peu moins large que les élytres; tronqué au sommet avec les angles antérieurs infléchis et subarrondis; presque rectiligne sur les côtés; subarrondi à sa base, à angles postérieurs obtus; faiblement convexe; éparsement sétosellé sur les côtés, avec la longue soie latérale située contre le rebord même; d'un noir luisant; marqué en avant de chaque côté du disque de 1 point sétifère plus ou moins gros, et de 2 autres moindres, assez écartés et transversalement disposés un peu derrière le milieu du dos. *Repli* presque plan, plus ou moins obscur, à *opercule* assez grand, subtriangulaire.

Ecusson subruguleux, d'un noir de poix peu brillant.

Elytres à peine oblongues, aussi longues ou à peine aussi longues que le prothorax; subparallèles ou à peine plus larges en arrière qu'en avant; subdéprimées, à strie suturale bien marquée; obsolètement ridées-chagrinées; d'un noir de poix peu brillant, avec les épaules et parfois la suture plus ou moins roussâtres ; presque glabres, avec quelques légères soies redressées, dont 1 plus obscure et beaucoup plus longue sur les épaules et 1 autre vers l'écusson. *Epaules* à calus assez saillant.

Abdomen suballongé, un peu moins large que les élytres, subparallèle ou à peine arqué sur les côtés ; assez convexe ; fortement et éparsement sétosellé ; lisse sur le dos, finement et éparsement ponctué sur les côtés ; d'un noir de poix brillant, avec l'extrémité d'un roux de poix, ainsi que les tranches latérales et le sommet, et parfois la marge apicale des segments ; à pubescence assez longue, très-peu serrée, plus distincte sur les côtés et convergente en dedans. Le 6° *segment* étroitement ou subangulairement arrondi au sommet.

Dessous du corps éparsement pubescent, éparsement ponctué, d'un noir de poix brillant, avec le sommet du ventre et la marge apicale des arceaux un peu roussâtres. *Métasternum* presque lisse sur son milieu, obsolètement canaliculé en arrière sur sa ligne médiane. *Ventre* convexe, éparsement sétosellé, plus longuement vers son sommet.

Pieds légèrement pubescents, légèrement ponctués, d'un roux de poix brillant, avec les hanches postérieures plus foncées.

Patrie. Cette espèce vit sous les écorces ou dans le tronc carié des vieux hêtres, pins et sapins, des hautes montagnes : l'Alsace, les Vosges, l'Auvergne, la Savoie, la Grande-Chartreuse, etc. Elle se trouve en été, et elle est peu commune.

Obs. Chez les immatures, le corps devient d'un roux de poix ou presque entièrement testacé, avec la tête généralement plus foncée et une légère transparence rembrunie à la base du 5° segment abdominal.

2. **Baptolinus alternans**, Gravenhorst.

Allongé, étroit, linéaire, subdéprimé, d'un roux brillant, avec la tête, les élytres (moins les épaules), et la majeure partie des 4° et 5° segments de l'abdomen noires. Tête en carré subarrondi, à peine plus large que le prothorax, marquée de quelques points médiocres sur les côtés, à pores juxta-oculaires un peu écartés du bord interne de l'œil. Antennes à 3ᵉ article un peu plus long que le 2ᵉ, les 4ᵉ et 5ᵉ à peine suboblongs. Prothorax oblong, subparallèle, à pèine moins large que les élytres ; celles-ci de la longueur du prothorax, à peine ou très-finement pointillées. Abdomen à peine ou très-éparsement ponctué sur les côtés.

♂ *Le 6ᵉ arceau ventral* moins prolongé que le segment supérieur correspondant ; à peine et largement échancré au sommet, avec une dépression lisse au-devant de l'échancrure. Le 5ᵉ parfois à peine et subangulairement sinué à son bord postérieur.

♀ *Le 6ᵉ arceau ventral* aussi prolongé que le segment supérieur correspondant, subarrondi au sommet ; le 5ᵉ simple.

Staphylinus pilicornis, var. *b.* Paykull, Faun. Suec., III, 379, 16. — Gyllenhal, Ins. suec., II, 359, 73.
Gyrohypnus pilicornis, var. *b.* Mannerheim, Brach., 34, 10.
Staphylinus alternans, Gravenhorst, Micr., 48,72 ; — Mon. 107, 109.
Gyrohypnus alternans, Mannerheim, Brach., 34, 12. — Nordmann, Symb., 119, 16.
Gyrohypnus nigriceps, Mannerheim, Brach., 34, 11. — Nordmann, Symb., 120, 17.
Othius alternans, Heer, Faun. Helv., I, 248, 4.
Othius pilicornis, var. *b,* Erichson, Col. March., I, 422 ; — Gen. et Spec. Staph., 297. — Redtenbacher, Faun. Austr., 690, 1. — var. *B,* Fairmaire et Laboulbène, Faun. Ent. Fr., I, 499.
Baptolinus alternans, Kraatz, Ins. Deut., II, 660, 1.
Atrecus pilicornis, Jacquelin du Val, Gen. Staph., pl. 11, fig. 55.
Gyrohypnus alternans, Thomson, Skand. Col., II, 187, 2.
Baptolinus affinis, Faun. Gallo-Rhén., III, 373, 2.

Variété a. *Corps* presque entièrement testacé, avec la tête parfois plus foncée.

Long. 0,0066 (3 l.). — Larg. 0,0009 (2/5 l.)

Corps allongé, étroit, linéaire, subdéprimé, d'un roux brillant, avec la tête et la majeure partie des élytres et des 4ᵉ et 5ᵉ segments de l'abdomen noires ; celles-là presque glâbres, celui-ci à pubescence blonde et très-peu serrée.

Tête en carré subarrondi, un peu ou à peine plus large que le prothorax ; éparsement sétosellée ; marquée de chaque côté du disque et en arrière de quelques points enfoncés médiocres dont 2 pores un peu plus gros et écartés sur le vertex; d'un noir luisant. *Front* très-large, légèrement convexe, subimpressionné en avant, avec une strie subponctuée et suboblique au-dessus de l'insertion de chaque antenne; marqué entre les yeux de 2 points transversalement disposés et à peine plus rapprochés entre eux que des juxta-oculaires, qui sont un peu écartés du bord interne de l'œil. *Cou* convexe, à peine pointillé. *Epistome* submembraneux, pâle. *Labre* subcorné, roux, sétosellé en avant. *Mandibules* brunâtres. Palpes d'un roux subtestacé.

Yeux arrondis, obscurs, parfois à reflets gris et micacés.

Antennes courtes, un peu plus longues que la tête; sensiblement épaissies; finement duveteuses et fortement pilosellées; entièrement rousses; à 1er article en massue allongée et subarquée, aussi long environ que les 3 suivants réunis: les 2e et 3e oblongs, obconiques: le 3e un peu plus long que le 2e : le 4e un peu, le 5e à peine plus longs que larges: les 6e à 10e graduellement plus épais, fortement ou très-fortement transverses : le dernier en ovale obtusément acuminé.

Prothorax oblong, subparallèle, à peine moins large que les élytres; tronqué au sommet, avec les angles antérieurs infléchis et subarrondis; presque rectiligne et très-largement et à peine sinué sur les côtés vus latéralement; subarrondi à sa base, à angles postérieurs très-obtus; faiblement convexe; éparsement sétosellé sur les côtés, avec la longue soie latérale située sur le rebord même; d'un rouge luisant et parfois assez foncé; marqué en avant, de chaque côté du disque, d'1 gros point sétifère, et de 2 autres bien moindres, assez écartés et transversalement disposés un peu derrière le milieu du dos. *Repli* presque plan, roux, à *opercule* réduit à un liseré étroit.

Ecusson lisse, d'un noir de poix.

Elytres suboblongues, de la longueur du prothorax, subparallèles; subdéprimées, à strie suturale bien marquée; très-finement ou à peine pointillées; d'un noir brillant, avec les épaules plus ou moins largement rousses; presque glabres, avec de légères soies redressées, celles des côtés un peu plus et celle des épaules beaucoup plus longues, ainsi que celle située vers l'écusson. *Epaules* à calus assez saillant, plus lisse.

Abdomen plus ou moins allongé, un peu moins large que les élytres, subparallèle ou à peine arqué sur les côtés, plus ou moins convexe; éparsement et longuement sétosellé; lisse sur le dos, à peine ou très-éparsement ponctué sur les côtés; d'un roux brillant, avec les 4e et 5e segments noirs moins leur marge apicale; à pubescence médiocre et très-peu serrée, subconvergente en dedans. Le 6e *segment* arrondi au sommet.

Dessous du corps légèrement pubescent, éparsement ponctué, d'un roux brillant, avec la carène basilaire et la base des 4e et 5e arceaux du ventre rembrunies. *Métasternum* souvent plus foncé, subdéprimé et presque lisse sur son disque, finement canaliculé sur sa ligne médiane. *Ventre* convexe, éparsement sétosellé.

Pieds légèrement pubescents, éparsement ponctués, d'un roux sub-testacé, avec les hanches postérieures parfois un peu plus foncées.

PATRIE. Cette espèce, un peu moins rare que la précédente, se prend de la même manière et à peu près dans les mêmes contrées : la Bourgogne, les montagnes du Lyonnais, l'Auvergne, la Savoie, les Alpes, les Pyrénées, etc.

OBS. Longtemps confondue avec la précédente, elle s'en distingue toutefois par des caractères constants. La tête, un peu moins transverse, a ses points enfoncés généralement moins gros, avec ceux de dessus l'insertion des antennes plus fins et confondus en une striole distincte, et les juxta-oculaires un peu moindres et surtout plus écartés du bord interne des yeux. Le 3e article des antennes est un peu plus long, comparé au 2e, et les 4e et 5e un peu moins courts. Le lobe interne du repli du prothorax, au lieu d'affecter la forme d'un triangle transverse, est réduit à un liseré étroit ou très-étroit. Les élytres sont plus lisses. Le corps, d'une couleur moins sombre, est d'une forme un peu plus étroite et un peu plus linéaire, etc. La couleur varie beaucoup suivant que l'insecte est plus ou moins immature; elle passe du rouge foncé au roux testacé ou même au testacé pâle, avec la tête à peine plus sombre.

Le *Staphylinus affinis* de Paykull s'applique autant au *pilicornis* qu'à l'*alternans*, et l'on peut en dire autant des différentes variétés pâles indiquées par les anciens auteurs.

Peut-être doit-on rapporter à l'*alternans* le *glabricornis* (1) de Stephens (Ill. Brit., V, 254), et sans doute aussi le *frigidus* de Léon Dufour (Bull. Soc. Pau, 1843); mais nous ne pensons pas que l'*Othius dimidiatus* de Motschulsky (Bull. Mosc., 1860, II, 565) doive lui convenir.

3. **Baptolinus longiceps**, Fauvel.

Allongé, linéaire, subdéprimé, d'un brun de poix brillant, avec les pieds d'un roux subtestacé, la bouche, les antennes, les épaules et l'abdomen roux, la base du 5ᵉ segment de celui-ci rembrunie. Tête subovalaire, aussi large ou à peine aussi large que le prothorax, marquée sur les côtés de quelques points médiocres, à pores juxta-oculaires situés tout près du bord interne de l'œil. Antennes à 3ᵉ article évidemment plus long que le 2ᵉ ; les 4ᵉ et 5ᵉ suboblongs. Prothorax oblong, subparallèle, à peine moins large que les élytres. Celles-ci à peine de la longueur du prothorax, confusément et obsolètement ponctuées. Abdomen assez densement ponctué sur les côtés.

♂ *Le 6ᵉ arceau ventral* moins prolongé que le segment supérieur correspondant; subsinueusement tronqué au sommet, avec une dépression lisse au-devant de la troncature.

♀ *Le 6ᵉ arceau ventral* aussi prolongé que le segment supérieur correspondant, subarrondi au sommet.

Baptolinus longiceps Fauvel. Gallo-Rhén. III, 374, 3.

Long. 0,0058 (2 l. 2/3). — Larg. 0,0009 (2/5 l.)

Corps allongé, linéaire, subdéprimé, d'un brun de poix brillant, avec les épaules et l'abdomen roux; revêtu sur les élytres d'une pubescence courte et à peine distincte, blonde, plus longue et moins éparse sur l'abdomen.

Tête un peu plus longue que large, subovalaire, aussi large (♂) ou

(1) En tous cas, le nom est mal choisi.

à peine aussi large (♀) que le prothorax ; très-éparsement sétosellée ;
marquée de chaque côté du disque de quelques points enfoncés médiocres, avec 2 gros pores sétifères écartés sur le vertex et 2 petits points
assez rapprochés entre ces derniers ; d'un noir de poix luisant.
Front très-large, peu convexe, subimpressionné en avant (1), avec
les strioles superantennaires obsolètes ; marqué entre les yeux de
2 petits points transversalement disposés et plus rapprochés entre eux
que des juxta-oculaires, qui sont situés tout près du bord interne de
l'œil sans y toucher. *Cou* convexe, à peine pointillé. *Epistome* submembraneux, pâle. *Labre* subcorné, brillant, roux, sétosellé en avant.
Mandibules brunâtres. *Palpes* roux.

Yeux arrondis, obscurs, parfois à reflets gris.

Antennes assez courtes, un peu plus longues que la tête ; légèrement
épaissies ; finement duveteuses et fortement pilosellées ; rousses ; à
1er article en massue allongée et subarquée, un peu plus long que les
2 suivants réunis : les 2e et 3e obconiques : le 2e oblong : le 3e plus
allongé, évidemment plus long que le 2e : les 4e et 5e suboblongs, avec
le 5e néanmoins un peu plus court : les 6e à 10e graduellement un peu
plus épais, transverses, les pénultièmes plus fortement : le dernier en
ovale subacuminé.

Prothorax oblong, subparallèle, à peine moins large que les élytres ;
tronqué au sommet, avec les angles antérieurs assez prononcés et à
peine émoussés ; largement et à peine sinué sur les côtes vus latéralement ; subarrondi à sa base, à angles postérieurs obtus ; subconvexe ;
éparsement sétosellé sur les côtés, avec la longue soie latérale située
sur le rebord même ; d'un brun de poix luisant, avec la base et le
sommet parfois à transparence rousse ; marqué en avant, de chaque
côté du disque, d'1 gros point sétifère, et de 2 autres très-petits, très-
écartés et transversalement disposés vers le milieu du dos. *Repli* obscur,
lisse, à *opercule* ponctué, assez développé, transverse, naviculaire.

Écusson lisse, brunâtre, brillant.

Élytres en carré à peine oblong, à peine aussi longues que le pro-

---

(1) L'impression paraît parfois comme géminée ou formée de 2 larges
sillons effacés.

thorax ; subdéprimées ou à peine convexes, à strie suturale bien marquée ; confusément et obsolètement ponctuées ; d'un brun de poix brillant, avec les épaules rousses, ainsi que parfois la suture ; presque glabres ou à peine pubescentes, avec de légères soies redressées, dont celles des épaules et de vers l'écusson beaucoup plus longues. *Epaules* à calus assez saillant.

Abdomen suballongé, à peine moins large que les élytres, faiblement arqué sur les côtés ; assez convexe, éparsement et longuement sétosellé ; lisse sur le dos, distinctement et assez densement ponctué sur les côtés ; d'un roux de poix brillant, avec la base du 5e segment un peu rembrunie ; à pubescence assez longue, peu serrée, subconvergente en dedans. *Le 6e segment* subangulairement arrondi au sommet.

Dessous du corps finement pubescent, d'un roux de poix brillant, avec le métasternum plus obscur. *Celui-ci* subdéprimé et presque lisse sur son disque, obsolètement et finement canaliculé sur son milieu. *Ventre* convexe, distinctement et même assez fortement ponctué, éparsement sétosellé.

Pieds légèrement pubescents, éparsement ponctués, d'un roux subtestacé, avec les hanches postérieures parfois plus foncées, au moins à leur base.

Patrie. Cette rare espèce se prend en août, sous les écorces et dans la carie des vieux arbres, dans la Lorraine, en Savoie, à la Grande-Chartreuse, etc.

Obs. Elle est difficile à distinguer de l'*alternans*. La tête, un peu moins large, est plus ovalaire, avec les strioles superantennaires plus obsolètes, et les pores juxta-oculaires plus gros et situés tout près de l'œil sans y toucher, tandis qu'ils y touchent dans le *pilicornis* et qu'ils en sont visiblement écartés dans l'*alternans*. Les antennes, à peine plus longues, sont un peu plus grêles, à articles relativement moins courts, avec le 3e évidemment plus long que le 2e. Les angles antérieurs du prothorax, plus marqués, sont à peine émoussés, les points dorsaux sont placés plus près du milieu, et l'*opercule* du repli est plus développé, moins étroit. Ses élytres sont un peu plus courtes et un peu moins lisses. L'abdomen, un peu moins parallèle, présente sur ses côtés une ponctuation plus distincte et plus serrée. Ajoutez à cela un prothorax plus obscur, un peu plus parallèle et un peu plus convexe, des élytres un peu moins déprimées, une forme générale un peu moins étroite, et vous aurez un concours de caractères suffisants pour séparer le *longiceps* de l'*alternans*.

Les exemplaires que nous avons eus sous les yeux, offraient à la base du prothorax 2 impressions oblongues, fortement divergentes, à peine apparentes et peut-être accidentelles.

DEUXIÈME BRANCHE

XANTHOLINAIRES

CARACTÈRES. *Corps* allongé, linéaire. *Tête* saillante, très-grande, portée sur un col étroit, subglobuleux, beaucoup moins large que la moitié du vertex. *Tempes* nullement ou rarement rebordées sur les côtés, fortement contiguës en dessous, au moins en arrière. *Antennes* plus ou moins courtes, plus ou moins coudées. *Prothorax* oblong ou suballongé, moins large à sa base que les élytres, à rebord latéral souvent retourné en dessous des angles antérieurs; à repli plus ou moins incliné, visible vu de côté. *Élytres* généralement oblongues ou suboblongues, s'imbriquant ou se recouvrant un peu le long de la suture. *Abdomen* subparallèle. *Pieds* courts. *Tarses antérieurs* rarement dilatés. *Pièce antésternale* à diamètre antéro-postérieur aussi long ou seulement un peu moins long que la moitié de son diamètre transversal.

OBS. Le col beaucoup plus étroit, les antennes généralement plus coudées, les élytres s'imbriquant le long de la suture, les tibias antérieurs et intermédiaires ordinairement plus épineux, la pièce antésternale plus grande : tels sont les principaux caractères de la branche des *Xantholinaires*, dont nous donnons ci-après le tableau des genres.

normal, conique ou conico-fusiforme, plus ou moins émoussé au bout. *Antennes* courtes ou assez courtes, plus ou moins coudées. *Prothorax*

  oblong, plus ou moins rétréci en arrière. *Pieds* courts ou assez courts, assez robustes. *Tibias antérieurs* épaissis. *Yeux* rarement atrophiés. *Lame mésosternale*

    plane, plus ou moins carénée sur son milieu, largement tronquée ou subsinuée au sommet. *Prothorax* sans séries dorsales de points, à *rebord latéral* rejoignant le bord interne du repli tout près des angles antérieurs. *Front* bisstrié.. *Gauropterus.*

    non carénée. *Prothorax* à 2 séries dorsales de points, à *rebord latéral*

      prolongé jusqu'en dessous des angles antérieurs sans toucher au bord interne du repli, avec la *soie latérale* située sur le rebord même. *Front* 4-sillonné en avant. *Lame mésosternale* plane, parfois courte et largement arrondie au sommet, d'autres fois angulée ou subogivale .... *Xantholinus.*

      s'infléchissant en dessous pour rejoindre le bord interne du repli bien avant les angles antérieurs, avec la *soie latérale*, par là, située loin du rebord. *Front* bissillonné en avant. *Lame mésosternale* subconvexe, plus ou moins angulée au sommet................. *Nudobius.*

  allongé-oblong, non rétréci en arrière, à séries dorsales de points. *Yeux* atrophiés. *Pieds* allongés, assez grêles .... *Vulda.*

étroit, subulé. *Tarses antérieurs*

  simples ou à peine dilatés. *Lobe postérieur du métasternum* court, mousse ou subéchancré. *Corps* peu ponctué. *Antennes*

    très-courtes, épaisses, subcomprimées, fortement coudées, beaucoup moins longues que la tête. *Front* bissillonné en avant. *Tempes* rebordées sur les côtés. *Le pénultième article des palpes maxillaires* allongé. *Rebord latéral du prothorax* s'infléchissant assez brusquement pour rejoindre le bord interne du repli avant les angles antérieurs. *Tarses* très-grêles : le 2e *article des intermédiaires et postérieurs* allongé.......... *Metoponcus.*

    courtes, légèrement épaissies, faiblement coudées, de la longueur de la tête. *Front* 4-strié en avant. *Tempes* non rebordées sur les côtés. *Le pénultième article des palpes maxillaires* suboblong. *Rebord latéral du prothorax* prolongé jusqu'en dessous des angles antérieurs sans toucher au bord interne du repli. *Tarses* de forme normale. *Leptacinus.*

  fortement dilatés. *Rebord latéral du prothorax* effacé en avant. *Lobe postérieur du métasternum* saillant, horizontal, explané. *Front* à peine bisstrié en avant. *Corps* densement ponctué .... *Leptolinus.*

Genre *Gauropterus*, GAUROPTÈRE; Thomson.

Thomson, Skand. col. II, 187.

Étymologie : γαῦρος, superbe ; πτερόν, aile.

CARACTÈRES. *Corps* allongé, très-étroit, linéaire, subdéprimé, ailé. *Tête* grande, saillante, oblongue, subparallèle, bisstriée en avant (1) ; portée sur un col étroit, subglobuleux, moins large que la moitié du vertex. *Tempes* non rebordées sur les côtés, fortement contiguës en dessous dans presque toute leur longueur. *Épistome* profondément sinué de chaque côté, avec le lobe médian suboblong, assez étroit, subparallèle, subtronqué au bout. *Labre* étroit, transverse, sinué à son sommet. *Mandibules* assez saillantes, robustes, fortement fovéolées-sillonnées en dehors à leur base, très-fortement unidentées en dedans, subarquées, croisées au repos. *Palpes maxillaires* médiocres, subfiliformes, à 1er article petit : les 2e et 3e obconiques, subégaux : le dernier au moins aussi long que le pénultième, subfusiforme, subémoussé au bout. *Palpes labiaux* courts, à articles graduellement plus longs : le dernier subfusiforme, subémoussé. Menton transverse trapéziforme, plus étroit en avant, tronqué au sommet.

Yeux petits, irrégulièrement arrondis, non saillants, situés très-loin du prothorax.

Antennes courtes, assez fortement coudées, sensiblement épaissies ; à 1er article allongé, en massue arquée, subégal aux 4 suivants réunis : le 2e oblong, le 3e beaucoup plus long, suballongé : les suivants plus épais, transverses, non contigus : le dernier en ovale court et acuminé.

Prothorax oblong, rétréci en arrière où il est un peu moins large que les élytres ; subobliquement tronqué de chaque côté à son sommet ; subarrondi à sa base ; finement rebordé sur celle-ci et sur les côtés, avec le rebord de ceux-ci s'infléchissant en dessous pour aller rencon-

(1) Les stries juxta-oculaires sont très-obsolètes ou nulles.

trer le bord interne du repli tout près des angles antérieurs; lisse et sans séries de points sur le dos (1); à *soie latérale* située assez loin de la marge. *Repli* médiocre, incliné, visible vu de côté.

Écusson grand, en ogive mousse.

Élytres suboblongues; obtusément tronquées au sommet; subarrondies à leur angle postéro-externe; rectilignes sur les côtés; à peine rebordées le long de la suture qui s'imbrique en dedans du rebord. *Repli* assez étroit, subvertical, subparallèle. *Épaules* légèrement saillantes.

Prosternum sensiblement développé au devant des hanches antérieures; offrant entre celles-ci une espèce d'accolade derrière laquelle un plan incliné de même forme; largement échancré en avant pour recevoir la *pièce antésternale;* celle-ci grande, ridée en long, à suture médiane peu distincte, à diamètre antéro-postérieur subégal à la moitié du diamètre transversal. *Mésosternum* un peu prolongé au devant des hanches intermédiaires, profondément et subogivalement échancré en avant; à lame médiane plane, courte, plus ou moins carénée sur son milieu, largement tronquée et parfois subsinuée au sommet, prolongée jusqu'au 5e des hanches, émettant un intermède lisse et subglobuleux. *Médiépisternums* assez grands, irréguliers, séparés du mésosternum par une arête suboblique. *Médiépimères* très-étroites, plus ou moins refoulées et parfois annihilées par les hanches intermédiaires. *Métasternum* court, fortement échancré pour l'insertion des hanches postérieures; prolongé entre celles-ci en un lobe en forme d'angle assez prononcé, parfois subincliné et subémoussé; fortement avancé en dos l'âne arrondi, entre les intermédiaires, jusqu'à l'intermède. *Postépisternums* refoulés, très-étroits, sublinéaires. *Postépimères* très-petites, cunéiformes, souvent peu apparentes.

Abdomen allongé, subparallèle ou à peine arqué sur les côtés; fortement rebordé sur ceux-ci; à 4 premiers segments subégaux: le 5e beaucoup plus grand, largement tronqué et muni à son bord apical d'une très-fine membrane pâle: le 6e assez large, assez saillant, rétractile: celui de l'armure souvent caché. *Ventre* à 4 premiers arceaux subégaux,

____

(1) Il offre seulement de chaque côté un sillon subarqué et ponctué.

le 5ᵉ beaucoup plus grand : le 6ᵉ assez large, plus ou moins saillant, rétractile.

Hanches antérieures grandes, environ de la longueur des cuisses, saillantes, coniques, contiguës au sommet. *Les intermédiaires* grandes, ovales-oblongues, subdéprimées, subparallèles et écartées intérieurement. *Les postérieures* médiocres, légèrement distantes à leur base, divergentes au sommet; à *lame supérieure* en cône étranglé dans son milieu; à *lame inférieure* nulle ou enfouie.

Pieds courts, assez robustes. *Trochanters* assez petits, subcunéiformes. *Cuisses* comprimées, subélargies vers leur milieu. *Tibias* graduellement épaissis de la base au sommet, munis au bout de leur tranche inférieure de 2 forts éperons, dont l'interne plus long; tous plus ou moins épineux; les *antérieurs* parés au sommet de leur face interne de longs cils subspiniformes, formant éventail, avec l'éperon interne très-robuste. *Tarses antérieurs* assez courts, simples, à 4 premiers articles graduellement plus courts (1); *les intermédiaires* et *postérieurs* un peu moins courts, à 4 premiers articles graduellement moins longs; le dernier allongé, en massue assez grêle, plus long que les 2 précédents réunis. *Ongles* petits, très-grêles, subarqués.

Obs. La seule espèce de ce genre, à démarche lente et tortueuse, vit sous les pierres dans les champs et dans les chemins.

Le genre *Gauropterus*, créé par Thomson, est remarquable par son prothorax sans séries dorsales de points, et surtout par sa lame mésosternale généralement carénée (2).

On en connaît une seule espèce :

1. Gauropterus fulgidus, Fabricius.

Allongé, très-étroit, linéaire, subdéprimé, d'un noir luisant, avec les élytres d'un rouge éclatant, les palpes, le sommet des antennes, les genoux

(1) Le 1ᵉʳ article, noyé au milieu de la couronne de cils et d'épines du sommet du tibia, paraît parfois subégal au 2ᵉ ou à peine plus long.

(2) La carène est parfois obsolète ou interrompue dans son milieu. Quand ce caractère fait défaut, celui du prothorax sans séries dorsales de points reste concluant.

*t les tarses d'un roux de poix. Tête oblongue, parallèle, un peu plus large·
ue le prothorax, parsemée de gros points oblongs, rangés en lignes·conti-·
ues sur les côtés. Antennes à 3e article suballongé, beaucoup plus long
ue le 2e. Prothorax oblong, rétréci en arrière, un peu moins large que les·
'ytres, unisillonné sur les côtés. Elytres suboblongues, environ de la lon-
ueur du prothorax, bissérialement ponctuées-sétosellées. Abdomen éparse-
ient ponctué.*

♂ *Le 6e segment abdominal* subtronqué ou à peine arrondi au som-
iet, *celui de l'armure* souvent distinct, sinué au bout. Le 6e *arceau
entral* subarrondi à son bord apical, éparsement ponctué.

♀ *Le 6e segment abdominal* subarrondi au sommet, *celui de l'armure*
arement distinct, imbriqué. Le 6e *arceau ventral* arrondi ou subangu-
iirement arrondi à son bord apical, plus densement ponctué, surtout
ers son sommet.

taphylinus fulgidus, FABRICIUS, Mant. Ins., 220, 14.
aederus fulgidus, FABRICIUS, Syst. El., II, 609, 6; — Ent. Syst., I, II,
  537, 6.
taphylinus pyropterus, GRAVENHORST, Mon., 102, 103. — LATREILLE, Hist.
  Nat. Crust. et Ins., IX, 331, 95. — GYLLENHAL, Ins. Suec., II, 356, 71.
antholinus pyropterus, BOISDUVAL et LACORDAIRE, Faun. Ent. Par., I, 413, 2.
yrohypnus pyropterus, MANNERHEIM, Brach. 33, 8. — NORDMANN, Symb.,
  119, 15.
antholinus fulgidus, ERICHSON, Col. March., I, 423, 1; —Gen. et Spec. Staph.,
  319, 28. — REDTENBACHER, Faun. Austr., 691, 1. — HEER, Faun. Helv.,
  244, 1. — FAIRMAIRE et LABOULBÈNE, Faun. Ent. Fr., I, 500, 1. — KRAATZ,
  Ins. Deut., II, 642, 14. — JACQUELIN DU VAL, Gen. Staph., pl. 12, fig. 57.
  — FAUVEL, Faun. Gallo-Rhén.. III, 384, 3.
auropterus fulgidus, THOMSON, Skand., col. II, 188, 1.

Long. 0,011 (4 l. 2/3). — Larg. 0,0012 (1/2 l.)

Corps allongé, très-étroit, linéaire, subdéprimé, d'un noir luisant,
ivec les élytres d'un rouge de feu, et une légère pubescence blonde,
rare et peu distincte, sur celles-ci et l'abomen.

Tête oblongue, parallèle, un peu plus large que le prothorax; dis-
linctement sétosellée; parsemée de gros points subombiliqués, oblongs
et profonds, épars sur le disque, rangés, de chaque côté, en·2 lignes
continues et subsulciformes, sans compter une 3e située sur la marge

même des tempes; d'un noir très-luisant. *Front* très-large, peu convexe, bisstrié en avant. *Cou* subconvexe, presque lisse. *Epistome* assez étroit, corné. *Labre* d'un noir de poix , longuement sétosellé en avant. *Mandibules* d'un noir luisant. *Palpes* d'un roux de poix.

Yeux irrégulièrement arrondis, souvent presque lisses, d'un noir brillant.

Antennes courtes, un peu ou à peine plus longues que la tête; sensiblement épaissies; pilosellées vers leur base, presque simplement duveteuses dans le reste de leur longueur; d'un brun de poix, avec leur extrémité souvent graduellement un peu roussâtre, et leur 1er article noir; celui-ci en massue allongée, assez grêle et arquée, subégal aux 4 suivants réunis : le 2e oblong, obconique : le 3e suballongé, obconique, au moins d'un tiers plus long que le 2e : les suivants, graduellement plus épais, transverses, les pénultièmes plus fortement : le dernier courtement ovalaire, acuminé au sommet.

Prothorax oblong, subsinueusement rétréci en arrière, où il est un peu moins large que les élytres; subobliquement tronqué de chaque côté à son sommet, avec les angles antérieurs subinfléchis et subarrondis; sensiblement sinué en arrière sur les côtés vus latéralement; subarrondi à sa base, à angles postérieurs subobtus; peu convexe; sétosellé sur les côtés, avec la longue soie latérale écartée du rebord, qui retourne en dessous; d'un noir très-luisant, lisse; creusé de chaque côté d'un sillon profond, subarqué ou subflexueux, et formé de 6 à 9 points sétifères , avec 2 gros points isolés situés au-devant dudit sillon, près du bord antérieur, sans compter les marginaux; ceux de la marge latérale réunis en série isolée du rebord. *Repli* brunâtre, lisse, finement cilié à son bord interne.

Ecusson d'un noir brillant, avec quelques gros points enfoncés.

Élytres suboblongues, aussi longues ou à peine aussi longues que le prothorax, à peine plus larges en arrière qu'en avant; subdéprimées; parées de 2 séries longitudinales de points sétifères, l'une vers la suture, l'autre sur le disque, avec quelques points rares et épars dans les intervalles des séries, surtout en arrière, et le repli distinctement et plus densement ponctué; d'un rouge de feu éclatant; à pubescence blonde, rare et redressée en forme de soies légères, avec quelques soies plus obscures sur les côtés, 1 très-longue sur les épaules, 1 autre vers l'écusson et 1 autre sur le milieu de la série suturale. *Epaules* à calus assez saillant.

Abdomen allongé, un peu moins large que les élytres, subparallèle ou à peine arqué sur les côtés ; subconvexe, éparsement et très-longuement sétosellé, avec l'intervalle des longues soies garni de soies redressées, plus nombreuses et beaucoup plus courtes, entremêlées, surtout sur les côtés et sur le bord apical des segments, d'une légère pubescence blonde et couchée ; assez finement et éparsement ponctué ; entièrement d'un noir luisant.

Dessous du corps légèrement pubescent, éparsement ponctué, d'un noir brillant. *Dessous de la tête* à points gros, profonds, suboblongs, parfois subombiliqués. *Métasternum* à peine convexe, lisse sur son milieu, ponctué sur les côtés et en arrière, en laissant lisse le lobe postérieur ; obsolètement canaliculé sur sa ligne médiane. *Ventre* convexe, sétosellé, avec quelques soies beaucoup plus longues.

Pieds à peine pubescents, éparsement ponctués, d'un noir ou d'un brun de poix brillant, avec les trochanters, les genoux et surtout les tarses plus clairs.

Patrie. Cette espèce est commune partout, pendant tout l'été, dans les champs et les chemins, sous les pierres, les détritus, les fumiers secs, etc.

Obs. Les exemplaires du Midi sont souvent d'une taille plus avantageuse.

Les sujets immatures ont les élytres testacées ou d'un roux testacé.

Genre *Xantholinus*, Xantholin : Serville.

erville (Dahl) Encycl. Méth., X, 475. — *Jacquelin du Val*, Gen. Staph., 32, pl. 12, fig. 58.

Étymologie : ξανθός, roux ; λίνον, fil.

Caractères. *Corps* plus ou moins allongé, étroit, linéaire, peu convexe, ailé, parfois subaptère. *Tête* grande, saillante, ovalaire ou oblongue, 4-sillonnée (1) en avant; portée sur un col étroit, subglobuleux, moins large que la moitié du vertex. *Tempes* mousses ou parfois birebordées sur les côtés; tantôt contiguës en dessous dans les deux tiers ou la moitié postérieure de leur longueur, tantôt subcontiguës en arrière seulement. *Epistome* profondément sinué de chaque côté, avec le lobe médian plus ou moins court, tronqué et submembraneux en avant. *Labre* étroit, transverse, sinué ou entaillé à son sommet. *Mandibules* assez saillantes, robustes, obtusément unidentées ou angulées intérieurement, sillonnées en dehors dans la majeure partie de leur longueur, recourbées et croisées au repos à leur extrémité. *Palpes maxillaires* médiocrement développés, à 1er article petit; les 2e et 3e obconiques, suballongés ou oblongs: le 3e aussi long ou parfois à peine moins long que le 2e; le dernier conico-fusiforme ou conique, rarement fusiforme et subémoussé au bout, à peine aussi long, parfois même à peine plus long que le pénultième. *Palpes labiaux* petits, à 1er article quelquefois plus court: le 2e obconique: le dernier un peu plus étroit, conico-fusiforme ou conique. *Menton* grand, transverse, trapéziforme, plus étroit en avant, tronqué au sommet.

Yeux petits ou médiocres, irrégulièrement arrondis, parfois oblongs, peu saillants, situés loin du prothorax.

Antennes courtes, plus ou moins coudées (2), subépaissies; à 1er article allongé, en massue arquée, souvent subégal aux 4 suivants réunis; les 2e et 3e obconiques, oblongs, parfois à peine oblongs; les 4e à 10e plus ou moins transverses, non contigus; le dernier en ovale mousse ou acuminé.

Prothorax oblong ou suboblong, plus ou moins rétréci en arrière, où il est un peu moins large que les élytres; obliquement ou subobliquement tronqué de chaque côté à son sommet; subarrondi à sa base; finement rebordé sur celle-ci et sur les côtés, avec le rebord de ceux-ci prolongé jusqu'en dessous des angles antérieurs sans toucher au bord interne du repli; paré sur le dos de 2 séries de points enfoncés, avec

____

(1) Les sillons latéraux partent du bord antéro-interne de l'œil pour se diriger obliquement en dedans; les autres sont longitudinaux.

(2) Ce caractère, auquel on a donné une importance primordiale, est loin d'être absolu; il est parfois très-faiblement prononcé (*X. Glaber*).

la longue *soie latérale* située sur le rebord même. *Repli* médiocre, incliné, très-visible vu de côté.

Ecusson grand, subogival.

Elytres oblongues ou suboblongues, rarement subcarrées ; largement et obtusément tronquées au sommet ; subarrondies à leur angle postéro-externe ; rectilignes sur les côtés ; obsolètement rebordées le long de la suture, qui s'imbrique intérieurement. *Repli* assez étroit, subvertical, subparallèle ou à peine arqué inférieurement. *Epaules* légèrement saillantes.

Prosternum sensiblement développé au-devant des hanches antérieures ; offrant entre celles-ci une accolade prononcée, à pointe plus ou moins saillante, suivie d'un plan incliné de même forme, subcarénée sur son milieu et parfois relevée en pointe à son sommet ; largement échancré en avant pour recevoir la *pièce antésternale :* celle-ci grande, à suture médiane fine et parfois peu distincte, à diamètre antéro-posterieur à peine moins long que la moitié du diamètre transversal. *Mésosternum* un peu prolongé au-devant des hanches intermédiaires, échancré en avant ; à *lame médiane* subogivale ou triangulaire, parfois arrondie au sommet, prolongée jusqu'au quart ou à peine jusqu'au tiers des hanches intermédiaires. *Médiépisternums* grands, transverses, séparés du mésosternum par une fine suture oblique. *Médiépimères* très-étroites, plus ou moins refoulées par les hanches. *Métasternum* court, échancré pour l'insertion des hanches postérieures ; prolongé entre celles-ci en un lobe court, subtronqué ou subéchancré ; fortement avancé, entre les intermédiaires, en pointe ou en dos d'âne tronqué, jusqu'à la rencontre d'un petit intermède plus ou moins réduit. *Postépisternums* étroits, plus ou moiñs refoulés à leur base, divergeant un peu ou à peine en arrière du repli des élytres. *Postépimères* petites, triangulaires ou cunéiformes.

Abdomen plus ou moins allongé, subparallèle ou à peine arqué sur les côtés ; assez fortement rebordé sur ceux-ci ; à 4 premiers segments subégaux : le 5e plus grand, largement tronqué ou à peine échancré et muni à son bord apical d'une très-fine membrane pâle : le 6e assez large, plus ou moins saillant, rétractile : celui de l'armure souvent apparent. *Ventre* à 4 premiers segments subégaux et à repli basilaire sensible, le 5ᵉ plus grand, le sixième assez large, plus ou moins saillant, rétractile.

Hanches antérieures grandes, environ de la longueur des cuisses, saillantes, coniques, parfois faiblement écartées, d'autres fois contiguës au sommet. *Les intermédiaires* grandes, ovales-oblongues, subdéprimées, subparallèles et plus ou moins écartées intérieurement. *Les postérieures* médiocres, rapprochées à leur base, plus ou moins divergentes au sommet; à *lame supérieure* en cône étranglé dans son milieu; à *lame inférieure* nulle ou enfouie.

Pieds généralement courts, assez robustes. *Trochanters* médiocres ou assez petits, subcunéiformes. *Cuisses* comprimées ou subcomprimées, souvent subélargies vers leur milieu. *Tibias* graduellement épaissis de la base au sommet, plus ou moins épineux, munis au bout de leur tranche inférieure de 2 forts éperons, dont l'interne plus long; *les antérieurs* plus courts, un peu plus épais, parfois subdilatés, obliquement coupés et finement ciliés au sommet de leur face intérieure, à éperon interne plus robuste (1). *Tarses antérieurs* assez courts, à 4 premiers articles subtriangulaires, graduellement un peu plus courts (2); *les intermédiaires* et *postérieurs* un peu moins courts, un peu plus grêles, à 4 premiers articles oblongs ou suboblongs, graduellement moins longs : le dernier allongé, en massue plus ou moins grêle, ordinairement plus long que les 2 précédents réunis. *Ongles* petits, grêles, arqués ou subarqués.

Obs. Les espèces de ce genre sont de grande ou de moyenne taille. Elles marchent assez lentement, et elles ont la propriété de se reployer en volute en dessous. Elles vivent sous les pierres, les feuilles mortes, les fumiers et les détritus.

Cette coupe générique diffère des *Gauropterus* par l'absence de carène médiane sur la lame mésosternale; par ses antennes à 2ᵉ et surtout 3ᵉ articles plus courts; par son prothorax un peu moins allongé, marqué

---

(1) Les éperons des tibias antérieurs sont toujours beaucoup plus forts et plus distincts dans les *Xantholiniens* que dans les *Staphyliniens*.

(2) Le 1ᵉʳ article, noyé au milieu des épines terminales, paraît parfois un peu ou à peine plus court que le 2ᵉ.

de 2 séries dorsales de points, avec le rebord latéral prolongé jusqu'en dessous des angles antérieurs sans toucher au bord interne du repli, etc.

Le genre *Xantholinus* étant assez nombreux en espèces, nous en donnerons 2 tableaux.

a. *Tempes* nullement rebordées sur les côtés. *Yeux* petits.

  b. *Lame mésosternale* courte, subtronquée ou largement arrondie au sommet, prolongée jusqu'au quart des hanches, à *intermède* assez grand, oblong, subconvexe. *Tête* subovalaire, atténuée en avant. *Elytres* rouges, plus larges en arrière, vaguement ponctuées. *Taille* très-grande (1). (Sous-genre *Megalinus*, de μέγας, grand)............... *glabratus.*

  bb. *Lame mésosternale* subtriangulaire ou subogivale, prolongée à peine jusqu'au tiers des hanches, à sommet souvent émoussé ou subarrondi, à *intermède* petit ou très-petit. (Sous-genre *Xantholinus verus).*

    c. *Prothorax* noir, *élytres* rouges ou testacées, *ventre* noir à sommet d'un roux de poix. *Tête* subovalaire, à peine atténuée en avant. *Prothorax* à *séries latérales de points* disposées en crosse isolée, généralement bien distincte. *Lame mésosternale* subogivale.

      d. *Elytres* testacées, vaguement ponctuées, un peu plus larges en arrière. *Taille* assez grande............. *relucens.*

      dd. *Elytres* rouges, trisérialement ponctuées, à peine plus larges en arrière. *Taille* assez petite............. *glaber.*

    cc. *Prothorax* et *élytres* d'un roux testacé : *celui-là* parfois en partie rembruni : *ventre* ordinairement entièrement roux. *Lame mésosternale* triangulaire, à sommet émoussé, parfois subarrondi.

      e. *Yeux* atrophiés, oblongs. *Corps* en majeure partie d'un roux testacé. *Taille* grande...................... *myops.*

      ee. *Yeux* ordinaires, irrégulièrement arrondis.

        f. *Tête* oblongue, subrétrécie en avant, noire. *Taille* grande.

          g. *Elytres* subsérialement ponctuées. *Séries dorsales du prothorax* 8-ponctuées : *les latérales* à crosse isolée, bien distincte...................... *elegans.*

(1) Ces expressions *grande, très-grande, moyenne,* etc. ne sont pas absolues, mais relatives aux espèces d'un même genre.

gg. *Elytres* vaguement ponctuées. *Séries dorsales du
prothorax* 12-ponctuées : *les latérales* confuses,
peu distinctes. *Lame mésosternale* émoussée ou à
peine arrondie au sommet...................... *tricolor.*

ff. *Tête* ovale-suboblongue, sensiblement rétrécie en
avant. *Lame mésosternale* subarrondie au sommet.

h. *Elytres* densement ponctuées, un peu plus cour-
tes que le prothorax. *Tête* noire. *Taille* grande. *cribripennis.*

hh. *Elytres* assez densement ponctuées, sensible-
blement plus courtes que le prothorax. *Tête*
brunâtre. *Taille* moyenne................. *distans.*

ccc. *Prothorax* et *élytres* d'un noir bronzé (1) : *celui-là* confusément ponctué sur les côtés. *Tête oblongue.*

i. *Elytres* au moins aussi longues que le prothorax : *celui-
ci* assez finement ponctué sur les côtés, à *séries dorsales* de 10 à 12 points. *Lame mésosternale* subarrondie
au sommet............................... *longiventris.*

ii. *Elytres* au plus aussi longues que le prothorax : *celui-ci*
plus finement ponctué sur les côtés, à *séries dorsales*
de 13 à 16 points. *Lame mésosternale* simplement
émoussée ou subémoussée au sommet............ *linearis.*

1. **Xantholinus (Megalinus) glabratus**, GRAVENHORST.

*Allongé, linéaire, subdéprimé, d'un noir luisant, avec les élytres rouges,
les antennes et les pieds brunâtres, les palpes et les tarses d'un roux de poix.
Tête subovalaire, atténuée en avant, très-finement pointillée, fortement
et éparsement ponctuée sur les côtés. Prothorax oblong, rétréci en arrière,
un peu moins large que les élytres, à séries latérales distinctes et formées
de 6 à 8 gros points. Elytres à peine oblongues, plus larges en arrière,
de la longueur du prothorax, vaguement ponctuées. Abdomen finement et
éparsement ponctué.*

♂ *Le 6ᵉ segment abdominal* subtronqué au sommet : *celui de l'armure*

____

(1) Par exception, les élytres sont d'un roux de poix testacé (*linearis, var.*) ;
mais alors, les côtés du prothorax sont confusément ponctués, et celui-ci est
d'un noir bronzé, ce qui empêche de confondre de semblables variations
avec les insectes de la section c.

plus ou moins saillant, ouvert ou fendu longitudinalement (1). *Le 6e arceau ventral* court, tronqué ou à peine échancré à son bord apical : *celui de l'armure* assez profondément sinué à son sommet.

♀ *Le 6e segment abdominal* à peine arrondi au sommet : *celui de l'armure* généralement peu saillant, non fendu, composé de 2 segments, dont le dernier ponctué, arrondi à son bord postérieur. *Le 6e arceau ventral* assez saillant, subarrondi au milieu de son bord apical : *celui de l'armure* étroitement arrondi au sommet, largement replié sur les côtés et en arrière, avec le repli basilaire largement tronqué, de manière à former avec les replis latéraux une large échancrure rectangulaire, le milieu de la troncature un peu plus avancé et fendu.

Staphylinus glabratus, Gravenhorst, Micr., 178, 38 ; — Mon. 101, 100.
Gyrohypnus glabratus, Nordmann, Symb., 113, 1.
Staphylinus fulgidus, Gravenhorst, Micr., 48, 71 ; — Mon., 106, 108. — Olivier, Ent., III, n° 42, 18, 19, pl. IV, fig. 34, *a-d.* — Latreille, Hist. nat., Crust. et Ins., I, 288, 4.
Staphylinus nitidus, Panzer, Faun. Germ., 27, 8.
Staphylinus cruentatus, Marsham, Ent. Brit., 516, 56.
Xantholinus fulgidus, Boisduval et Lacordaire, Faun. Ent. Par., I, 412, 1. — Brullé, Hist. nat., Ins., VI, 73, 2.
Xantholinus glabratus, Erichson, Col. March., I, 424, 2 ; — Gen. et Spec. Staph., 319, 29. — Redtenbacher, Faun. Austr., 601, 3. — Heer, Faun. Helv., I, 244, 2. — Fairmaire et Laboulbène, Faun. Ent. Fr., I, 500. 2. — Kraatz, Ins. Deut., II, 633. — Thomson, Skand. Col, IX, 177, 5, b. — Fauvel, Faun. Gallo.-Rhén., III, 387, 6.

Variété *a*. *Pieds* roux.

Gyrohypnus merdarius, Nordmann, Symb., 116, 6.

Variété *b*. *Elytres* d'un testacé pâle. *Antennes* et *pieds* d'un roux testacé.

Xantholinus cadaverinus, Boisduval et Lacordaire, Faun. Ent. Par., I, 414, 4.

Long. 0,012 (5 l. 1/2). — Larg. 0,0012 (1 l.)

Corps allongé, plus ou moins linéaire, subdéprimé, d'un noir lui-

---

(1) L'appareil, parfois ressorti, est un long tube cylindrique, souvent recourbé sur lui-même, muni de dents de peigne dirigées en arrière.

sant, avec les élytres rouges, à peine pubescent sur celles-ci et l'abdomen.

Tête subovalaire, sensiblement atténuée en avant, un peu plus large à sa base que le prothorax ; éparsement sétosellée ; très-finement et éparsement ponctuée, avec les côtés marqués en outre de gros points enfoncés, plus ou moins écartés ; d'un noir luisant. *Front* très-large, subconvexe. *Cou* convexe, presque lisse, grossièrement ridé-fovéolé dans le milieu de son bord antérieur. *Epistome* assez étroit, submembraneux en avant. *Labre* subcorné, d'un roux de poix, longuement sétosellé au sommet. *Mandibules* noires. *Palpes* d'un roux de poix.

Yeux irréguliers, obscurs.

Antennes courtes, à peine plus longues que la tête ; subépaissies ; finement duveteuses, légèrement pilosellées vers leur base ; d'un roux brunâtre, avec le 1er article plus foncé et le sommet du dernier parfois plus clair : le 1er en massue allongée et arquée, subégal aux 4 suivants réunis : les 2e et 3e oblongs, obconiques : le 3e non ou à peine plus long que le 2e : les suivants subégalement épaissis, fortement transverses, avec le 4e un peu moins fortement : le dernier courtement ovalaire, subacuminé au sommet.

Prothorax oblong, sensiblement rétréci en arrière, un peu moins large que les élytres ; obliquement tronqué de chaque côté de son sommet, avec les angles antérieurs infléchis et arrondis ; subsinué en arrière sur ses côtés vus latéralement ; subarrondi à sa base, à angles postérieurs très-obtus et arrondis ; légèrement convexe ; sétosellé sur les côtés, avec la longue soie latérale située sur le rebord même ; d'un noir luisant ; presque lisse ou obsolètement et éparsement pointillé ; à séries dorsales composées de 4 à 7 gros points, les latérales formées de 6 à 8 points semblables disposés en crosse isolée et très-distincte. *Repli* noir, finement ridé, parfois subexcavé.

Ecusson noir, finement chagriné, subconcave, offrant en arrière 2 petits points sétifères.

Elytres à peine oblongues, environ de la longueur du prothorax, évidemment plus larges en arrière qu'en avant ; subdéprimées ; assez finement, éparsement et vaguement ponctuées, avec les points des côtés du disque parfois rangés en strie suboblique ; d'un rouge luisant et parfois testacé; parsemées d'une courte pubescence blonde, redressée en forme de soies légères, avec 3 soies plus obscures et beaucoup plus longues : 1 sur les épaules, 1 autre près de l'écusson, et 1 autre vers le 1er tiers, près de la suture. *Epaules* à calus saillant, presque lisse.

Abdomen plus ou moins allongé, évidemment moins large à sa base que les élytres; subparallèle ou à peine arqué sur les côtés; subconvexe; longuement et éparsement sétosellé, avec une légère et rare pubescence d'un gris blond, semi-couchée, plus distincte sur les côtés; finement et éparsement ponctué, un peu plus densement de chaque côté ; entièrement d'un noir luisant.

Dessous du corps légèrement pubescent, subéparsement ponctué, d'un noir brillant. *Lame mésosternale* courte, subtronquée ou largement arrondie au sommet, avec l'intermède assez grand, oblong, subconvexe (1). *Métasternum* subdéprimé et lisse sur son milieu, finement canaliculé sur sa ligne médiane. *Ventre* convexe, éparsement sétosellé, avec quelques soies beaucoup plus longues, et la pubescence assez distincte.

Pieds éparsement pubescents, éparsement ponctués, d'un noir ou d'un brun de poix, avec les tibias souvent moins foncés et les tarses roussâtres. *Tibias antérieurs* rugueusement et subtransversalement ridés vers l'extrémité de leur face interne, distinctement ciliés d'un blond fauve et brillant sur leur tranche supérieure, plus densement et brièvement sur l'inférieure.

PATRIE. Cette espèce se rencontre sous les pierres, dans les champs et surtout dans les chemins, pendant toute la belle saison, dans presque toute la France. Elle préfère les contrées méridionales.

OBS. Elle est remarquable par sa grande taille et par la structure de sa lame mésosternale.

Quelquefois les pieds sont entièrement roux ; d'autres fois les antennes et les pieds sont d'un roux testacé, avec les élytres encore plus pâles, chez les immatures.

Près du *glabratus* se placerait l'espèce suivante :

___

(1) Nous négligeons de parler de la texture des prosternum et mésosternum qui, dans la plupart des *Xantholiniens*, sont chagrinés ou très-finement ridés.

2. **Xantholinus relucens**, Kraatz.

Allongé, linéaire, d'un noir luisant, avec les élytres testacées ; les palpes, les antennes et les pieds d'un roux testacé. Tête courtement subovalaire, subatténuée en avant, éparsement pointillée, assez fortement et très-éparsement ponctuée sur les côtés. Prothorax oblong, subrétréci en arrière, un peu moins large que les élytres, à séries latérales distinctes et formées de 6 ou 7 assez gros points. Élytres à peine oblongues, de la longueur du prothorax, vaguement ponctuées. Abdomen finement et éparsement ponctué, à sommet et intersections d'un roux de poix.

♂ *Le 6e segment abdominal* à peine arrondi au sommet : *celui de l'armure* longitudinalement incisé. *Le 6e arceau ventral* à peine prolongé dans le milieu de son bord apical en angle très-ouvert et largement arrondi : *celui de l'armure* étroitement arrondi au sommet.

♀ *Le 6e segment abdominal* à peine arrondi au sommet : *celui de l'armure* composé de 2 segments, dont le dernier arrondi au bout. *Le 6e arceau ventral* subarrondi à son bord apical : *celui de l'armure* arrondi au sommet.

Xantholinus ochropterus, Redtenbacher, Faun. Austr., 691, 3.
Xautholinus relucens, Kraatz, Ins. Deut., II, 634, 2. — Fauvel, Faun. Gallo-Rhén., III, 387, 6.

Long. 0,010 (4 l. 1/2). — Larg. 0,0014 (2/3 l.).

Patrie. L'Autriche, la Grèce, la France d'après quelques catalogues.

Obs. Cette espèce, longtemps confondue avec les variétés pâles du *glabratus*, s'en distingue par sa taille moindre, par sa tête un peu plus courte et moins atténuée en avant, par son prothorax un peu moins rétréci en arrière, par ses élytres plus pâles et un peu moins élargies postérieurement, par son abdomen à sommet et intersections d'un roux de poix, par ses antennes et ses pieds moins obscurs, et surtout par la structure de sa lame mésosternale, qui la range en tête des *Xantholinus* vrais. En effet, celle-ci au lieu d'être largement arrondie au sommet, est en forme d'ogive courte mais bien prononcée, avec l'intermède petit, lanciforme (1).

Nous avons vu un échantillon indiqué des Pyrénées, mais cette indication est sans doute erronée, et le *relucens* de la plupart des auteurs se rapporterait aux variétés pâles du *glabratus*, suivant l'opinion fondée de M. Fauvel. Toutefois, nous avons vu un exemplaire des environs de Genève et qui doit se rapporter à la même espèce.

3. **Xantholinus glaber**, NORDMANN.

Allongé, linéaire, peu convexe; d'un noir luisant, avec les élytres rouges, les palpes, les antennes, le sommet de l'abdomen et les pieds d'un roux de poix. Tête subovalaire, à peine rétrécie en avant, très-éparsement ponctuée sur les côtés. Prothorax oblong, à peine rétréci en arrière, un peu moins large que les élytres, à séries latérales distinctes et formées de 7 ou 8 petits points. Élytres suboblongues, à peine plus larges en arrière, un peu plus longues que le prothorax, trisérialement ponctuées. Abdomen finement et éparsement ponctué.

♂ *Le 6ᵉ segment abdominal* largement subéchancré à son bord apical, avec celui-ci à liseré noir et obsolètement pointillé-subcrénelé. *Le 6ᵉ arceau ventral* obtusément et subangulairement prolongé à son sommet.

♀ *Le 6ᵉ segment abdominal* subtronqué et simple à son bord apical. *Le 6ᵉ arceau ventral* arcuément prolongé à son sommet.

(1) Ici se placerait le *Xantholinus rufipennis*, Erichson (Gen. et Spec. Staph., 322, 35).

La tête, un peu plus oblongue, est plus densement ponctuée. Le prothorax, plus étroit, a ses séries composées de points plus fins et plus nombreux, avec les latérales un peu plus confuses et entourées de points dispersés, ce qui rapprocherait cette espèce des *tricolor* et *linearis*. Les élytres, d'un rouge plus vif, sont plus normalement ponctuées, etc. Long. 0,008 (3 l. 2/3).

PATRIE. La Sicile, Chypre, la Syrie.

OBS. Quelquefois la taille est moindre. Chez les immatures, les élytres sont plus ou moins testacées.

La lame mésosternale est arrondie ou subogivalement arrondie au sommet.

Gyrohypnus glaber, Nordmann, Symb., 114, 4.
Staphylinus glaber, var. 2, Gravenhorst, Mon., 100, 99.
Staphylinus lentus, var. *b*, Zetterstedt, Faun. Lapp., I, 81, 2.
Xantholinus glaber, Erichson, Col. March., I, 425, 4 ;—Gen. et Spec. Staph., 325, 40. — Heer, Faun. Helv., I, 245, 4. — Fairmaire et Laboulbéne, Faun. Ent. Fr., I, 501, 5. — Kraatz, Ins. Deut., II, 640, 11. — Thomson, Skand. Col. II, 192, 9. — Fauvel, Faun. Gallo-Rhén., III, 388, 7,
Xantholinus flavipennis, Redtenbacher, Faun. Austr., 692, 6.

Long. 0,0066 (3 l.). — Larg. 0,0008 (1/3 l. fort.).

Corps allongé, linéaire, peu convexe, d'un noir luisant, avec les élytres d'un rouge parfois subtestacé ; à peine pubescent sur celles-ci et l'abdomen.

Tête subovalaire, à peine atténuée en avant, non (♀) ou à peine (♂) plus large que le prothorax ; éparsement sétosellée ; presque lisse, avec quelques points assez petits et épars sur les côtés, dont 1 plus gros sur les tempes ; d'un noir luisant. *Front* très-large, subconvexe, à sillons juxta-oculaires obsolètes, terminés par un pore sétifère assez gros. *Cou* convexe, presque lisse. *Épistome* médiocrement étroit, submembraneux en avant. *Labre* subcorné, longuement sétosellé au sommet. *Mandibules* noires. *Palpes* d'un roux de poix.

Yeux irréguliers, obscurs.

Antennes courtes, à peine plus longues que la tête ; subépaissies, finement duveteuses, éparsement pilosellées vers leur base ; d'un roux de poix, avec le dernier article souvent plus clair et le 1er plus foncé : celui-ci en massue allongée et arquée, subégal aux 4 suivants réunis : les 2e et 3e assez courts, à peine oblongs, obconiques, subégaux : les suivants graduellement un peu plus épais : le 4e fortement, les 5e à 10e très-fortement transverses : le dernier, courtement ovalaire, subcomprimé et presque mousse à son sommet.

Prothorax oblong, à peine rétréci en arrière, un peu moins large que les élytres ; subobliquement tronqué de chaque côté de son sommet, avec les angles antérieurs subinfléchis et subarrondis ; subsinué en arrière sur ses côtés vus latéralement ; subarrondi à sa base, à angles postérieurs très-obtus et arrondis ; légèrement convexe ; distinctement sétosellé, avec la longue soie latérale située sur le rebord même ; d'un nóir luisant, lisse ; à séries dorsales composées de 8 ou 9 points assez petits, et les latérales de 7 ou 8 points un peu plus fins et disposés en crosse isolée et distincte. *Repli* presque lisse, subexcavé dans son milieu, noir, à sommet souvent roussâtre.

Ecusson d'un noir brillant, à peine chagriné, parfois subconcave en arrière, avec 2 soies redressées.

Elytres suboblongues, un peu ou à peine plus longues que le prohorax, à peine plus larges en arrière qu'en avant; subdéprimées ou à peine convexes; parées de 3 séries de petits points sétifères, 1 le long de la suture, 1 sur le disque et 1 sur les côtés, avec quelques points subsérialement disposés sur le repli et quelques autres, rares et obsolètes dans l'intervalle des séries dorsales; d'un rouge luisant et parfois subtestacé; parsemées d'une légère pubescence blonde et redressée, avec quelques soies plus longues et plus obscures sur les côtés, dont celle des épaules beaucoup plus longue, ainsi qu'1 autre près de l'écusson et 1 autre sur le tiers antérieur vers la suture. *Epaules* à calus saillant, lisse.

Abdomen suballongé, un peu moins large que les élytres, subparallèle ou à peine arqué sur les côtés; convexe; longuement et éparsement sétosellé, avec une légère pubescence assez longue, peu serrée, obscure sous certain jour, d'un blond cendré vue de dessus, semi-couchée, plus distincte sur les côtés; finement et éparsement ponctué; un peu plus lisse sur le dos; d'un noir luisant, avec le sommet d'un roux de poix, ainsi que parfois, très-finement, les intersections des segments.

Dessous du corps légèrement pubescent, éparsement ponctué, d'un noir brillant, avec l'extrémité du ventre d'un roux de poix, ainsi que souvent, très-finement, les intersections des arceaux. *Lame mésosterale* subogivale, à intermède très-petit, linéaire. *Métasternum* subdéprimé et presque lisse sur son milieu, finement canaliculé sur sa ligne médiane. *Ventre* convexe, éparsement sétosellé.

Pieds légèrement pubescents, éparsement ponctués, d'un roux de poix, avec les hanches plus obscures et parfois les cuisses postérieures. *Tibias antérieurs* rugueux et ridés en travers à l'extrémité de leur face interne, à pubescence blonde et brillante sur leur tranche externe et à leur sommet.

Patrie. Cette espèce n'est pas très-rare dans la poussière des vieux arbres, en compagnie de plusieurs espèces de fourmis, entre autres les *rufa* et *fugilinosa*, dans presque toute la France : les environs de Paris et de Lyon, la Flandre, la Normandie, l'Alsace, la Lorraine, la Bourgogne, le Limousin, le Beaujolais, la Bresse, les Alpes, les Pyré-nées, etc.

Obs. Il est inutile d'insister sur cette espèce, qui diffère du *glabratus* par la petitesse de sa taille, par la structure de sa lame mésosternale, par l'échancrure du 6ᵉ segment abdominal des ♂, etc.

Les antennes sont plus courtes dans la ♀ que dans le ♂, avec leurs 4ᵉ à 10ᵉ articles encore plus fortement transverses. Nous avons même observé un exemplaire de petite taille et chez lequel le 3ᵉ article paraît subtransverse et un peu plus court que le 2ᵉ (*X. curticornis*, nobis).

Chez les immatures, les élytres sont testacées ou d'un roux testacé.

On attribue parfois au *glaber* le *rotundicollis* de Stephens (Ill. Brit., v. 259).

Nous rapportons ici la description d'une espèce que nous n'avons pas vue en nature :

4. Xantholinus myops, Fauvel.

Fauvel, Faun. Gallo-Rhén. III, 389, 8.

Couleurs du *tenuipes*; taille des grands *tricolor*; très-distinct du premier par sa taille, son corselet enfumé, sa tête plus courte, bien plus large, subquadrangulaire, subparallèle, à ponctuation moins dense, plus forte, striolée, seulement sur le 1ᵉʳ tiers antérieur; antennes plus renflées; yeux oblongs; corselet tout autre, conformé comme chez *tricolor*, mais plus obliquement coupé en avant, à points des séries dorsales plus écartés; ponctuation des côtés confuse, non en lignes; élytres et abdomen comme chez *tenuipes*, mais celles-ci un peu bronzées, à ponctuation moitié plus forte. — Long. 11 mill.

Patrie. Dans les forêts, sous les pierres profondément enfoncées;

régions montagneuses (très-rare) ; Alpes-Maritimes, près la frontière française.

Obs. Cette espèce se distinguerait de ses congénères par ses yeux atrophiés et oblongs, des précédentes par son prothorax et son abdomen moins noirs, des suivantes par sa tête plus grande, quadrangulaire, et par son prothorax plus rembruni.

Nous donnons ici une espèce qui nous est inconnue, et dont nous rapportons la description d'après Erichson :

5. Xantholinus elegans, Olivier.

Allongé, linéaire, d'un roux testacé luisant, avec la tête et l'abdomen noirs, la marge apicale des segments de celui-ci testacée. Tête oblongue, finement et éparsement ponctuée de chaque côté. Prothorax à séries dorsales composées de 8 points fins. Elytres subsérialement ponctuées. Abdomen finement et éparsement ponctué.

Staphylinus elegans, Olivier, Ent. III, n° 42, 19, 20, pl. V, fig. 50. — Latreille, Hist. nat. Crust. et Ins. IX, 331, 87.
Xantholinus elegans, Erichson, Gen. et Spec. Staph. 323, 36. — Fairmaire et Laboulbène, Faun. Ent. Fr. I, 501, 3. — Fauvel, Faun. Gallo-Rhén. III, 389, 9.

Long. 0,009 (4 l. 1/5). — Larg. 0,014 (2/3 l.).

Corps allongé, linéaire, d'un roux testacé, avec la tête et l'abdomen noirs.

Tête oblongue, presque de la longueur du prothorax, un peu plus large que celui-ci ; peu arrondie à la base et sur les côtés, fortement aux angles postérieurs ; légèrement atténuée en avant ; subconvexe ; noire, luisante ; éparsement ponctuée de chaque côté, avec un espace médian, longitudinal, lisse, les sillons intermédiaires d'entre les antennes courts, parallèles, peu profonds, et les obliques justa-oculaires plus longs, assez distincts. *Bouche* couleur de poix. *Palpes* roux.

Antennes un peu plus longues que la tête, à 2e et 3e articles subégaux : les 4e à 10e graduellement un peu plus courts et plus épais, avec les pénultièmes légèrement transverses ; d'un roux de poix, à 3 premiers articles roux, le dernier ferrugineux au bout.

Prothorax un peu plus étroit que les élytres, une fois et demie aussi long que large, rétréci vers sa base, presque droit vers les côtés ; obliquement tronqué de chaque côté au sommet, avec les angles antérieurs assez proéminents latéralement et subarrondis ; légèrement convexe ; d'un roux testacé luisant ; à séries dorsales composées de 8 points, la série latérale en crosse, environ de 9, avec tous les points assez fins.

Ecusson couleur de poix, obsolètement biponctué.

Elytres à peu près plus courtes que le prothorax, testacées, brillantes, subsérialement ponctuées sur le dos, lisses le long de la marge latérale avec le repli assez finement ponctué.

Abdomen finement et éparsement ponctué, brillant, d'un noir de poix en dessus, avec les derniers segments testacés à leur marge apicale ; d'un roux testacé en dessous, à arceaux chacun d'un brun de poix à leur base. *Poitrine*. d'une couleur de poix testacée.

Pieds assez courts, assez grêles, testacés.

Patrie. L'Espagne, la France méridionale.

Obs. A l'exemple de M. Fauvel, c'est sur la foi d'Erichson que nous décrivons cette espèce comme française.

Elle diffère de la précédente par sa tête plus oblongue, par ses yeux non atrophiés, par son prothorax non rembruni, etc. (1).

Les exemplaires que nous avons reçus sous le nom d'*elegans* étaient des *tricolor*.

6. **Xantholinus tricolor**, Fabricius.

Allongé étroit, linéaire, subdéprimé, d'un roux testacé brillant, avec la tête et le dessous de l'abdomen d'un noir de poix, le sommet de celui-ci

___

(1) Le *procerus* d'Erichson (Gen. et Spec. Staph. 331, 50) aurait la taille du *glabratus*, le prothorax noir, mais vaguement ponctué sur les côtés. — Allemagne, Espagne, Sardaigne.

roussâtre. Téte oblongue, subrétrécie en avant, finement et éparsement ponctuée, excepté sur sa ligne médiane. Prothorax oblong, rétréci en arrière, à peine moins large que les élytres, confusément ponctué sur les côtés ou à crosses latérales peu distinctes. Elytres subcarrées ou à peine oblongues, plus courtes que le prothorax, assez finement et assez densement ponctuées. Abdomen finement et modérément pointillé.

♂ *Le 6ᵉ segment abdominal* subtronqué à son sommet : *celui de l'armure* plus ou moins saillant, largement et obliquement replié sur ses côtés avec l'espace entre les replis grand, triangulaire, presque lisse, déprimé ou à peine concave, largement subsinué à son bord postérieur, d'où il émet parfois une touffe d'épines contournées (1). *Le 6ᵉ arceau ventral* subtronqué ou à peine arrondi au sommet : *celui de l'armure* largement replié sur les côtés, subangulairement sinué à son bord postérieur, avec une impression assez profonde au-devant du sinus.

♀ *Le 6ᵉ segment abdominal* subarrondi à son sommet : *celui de l'armure* paraissant formé de 2 segments, dont le dernier assez étroit, pointillé vers son extrémité, arrondi au bout. *Le 6ᵉ arceau ventral* prolongé et arrondi à son bord postérieur ; *celui de l'armure* largement replié sur ses côtés, arrondi au sommet.

Staphylinus tricolor, Fabricius, Mant. Ins. I, 221. 30. — Paykull, Mon. Staph. 33, 15. — Latreille, Hist. nat. Crust. et Ins. IX, 330, 86. — Gyllenhal, Ins. Suec II, 355, 70.
Paederus tricolor, Fabricius, Ent. Syst. I, II, 537, 7 ; Syst. El. II, 609, 7.
Gyrohypnus tricolor, Mannerheim, Brach, 33, 7. — Nordmann, Symb, 118, 11.
Staphylinus elegans, Gravenhorst, Micr. 46, 68 ; Mon. 103, 104.
Staphylinus affinis, Marsham, Ent. Brit. 517, 57.
Xantholinus meridionalis, Boisduval et Lacordaire, Faun. Ent. Par. I, 413, 3.
Xantholinus tricolor, Zetterstedt, Faun. Lapp. I, 66, 4. — Erichson, Col. March. I, 427, 7 ; Gen. et Spec. Staph 331, 51. — Redtenbacher, Faun. Austr. 692, 8. — Heer, Faun. Helv. I, 246, 8. — Fairmaire et Laboulbéne, Faun. Ent. Fr. I, 502, 8. — Kraatz, Ins. Deut. II, 638, 7. — Thomson, Skand, Col. II, 191, 5. — Fauvel, Faun. Gallo-Rhén, III, 390 11.

(1) Cette touffe, qui représente l'appareil, est pédicellée, hérissée d'épines recourbées en arrière.

Variété *a. Prothorax* plus ou moins enfumé sur son disque.

Variété *b. Tête et abdomen* d'un roux testacé.

Long. 0,0102 (4 2/3 l.). — Larg. 0,0014 (2/3 l.).

Corps allongé, étroit, linéaire, subdéprimé, d'un roux testacé brillant avec la tête et le dessus de l'abdomen d'un noir de poix ; à peine pubescent sur celui-ci et les élytres.

Tête oblongue, subatténuée en avant, un peu plus large que le prothorax ; éparsement sétosellée ; parsemée en outre de quelques poils blonds ; plus ou moins finement et éparsement ponctuée, avec quelques pores sétifères plus gros, et la ligne médianne lisse ; d'un noir luisant ; lisse ou à peine chagrinée sur les côtés. *Front* très-large, légèrement convexe, à stries jusxta-oculaires fines et terminées par un point plus fort. *Cou* convexe, presque lisse. *Epistome* étroit, submembraneux en avant. *Labre* subcorné, d'un roux de poix, longuement sétosellé en avant. *Mandibules* brunes. *Palpes* roux.

Yeux irrégulièrement arrondis, obscurs, parfois lavés de gris.

Antennes courtes, un peu plus longues que la tête ; subépaissies ; finement duveteuses, éparsement pilosellées vers leur base ; d'un roux parfois assez foncé ; à 1er article en massue allongée et arquée, subégal aux 4 suivants réunis : les 2e et 3e oblongs, obconiques : le 3e à peine plus long que le 2e : les suivants graduellement un peu plus épais, fortement transverses, avec les pénultièmes encore plus fortement : le dernier brièvement ovalaire, subacuminé au bout.

Prothorax oblong, visiblement rétréci en arrière où il est un peu ou à peine moins large que les élytres ; subobliquement tronqué de chaque côté de son sommet, avec les angles antérieurs subobtus et subarrondis ; largement subsinué en arrière sur ses côtés vus latéralement ; subarrondi à sa base, à angles postérieurs obtus ; légèrement convexe ; éparsement sétosellé, avec la longue soie latérale située sur le rebord même ; d'un roux testacé ou d'un rouge de brique brillant ; à séries dorsales composées de 10 à 14 points fins, et les latérales confuses, en crosse peu distincte et confondue au milieu de points plus ou moins nombreux qui l'entourent. *Repli* presque lisse, roux.

Ecusson finement ridé en travers, subconcave, d'un noir de poix,
bissetosellé.

Elytres en carré non ou à peine oblong, visiblement plus courtes
que le prothorax, un peu ou parfois à peine plus larges en arrière
qu'en avant ; subdéprimées ; assez fortement et assez densement ponctuées ; d'un roux plus ou moins testacé et assez brillant ; parsemées
d'une fine pubescence blonde et subredressée, avec quelques soies
plus longues et plus obscures, dont 1 notamment plus longue sur les
épaules, 1 vers l'écusson et 1 autre vers le premier tiers près de la
suture. *Epaules* à calus saillant, lisse.

Abdomen allongé, à peine moins large que les élytres, subparallèle ;
convexe ; longuement et éparsement sétosellé, avec une légère pubescence blonde, assez brillante, semi-couchée, plus distincte sur les
côtés ; finement et modérément pointillé, plus obsolètement sur le
dos ; très-finement chagriné dans l'intervalle des points ; d'un noir
de poix brillant, avec l'extrémité des 5e et 6e segments rousse ou d'un
roux testacé.

Dessous du corps légèrement pubescent, subéparsement pointillé,
presque entièrement d'un roux subtestacé, avec la tête noire. *Lame
mésosternale* subtriangulaire, plus ou moins émoussée au sommet,
plane, finement ridée, à intermède petit, linéaire. *Métasternum* également ponctué et subdéprimé en arrière sur son milieu. *Ventre* convexe, longuement et éparsement sétosellé.

Pieds finement pubescents, éparsement ponctués, d'un roux testacé. *Tibias antérieurs* rugueux et ridés en travers à l'extrémité de
leur face interne, à pubescence blonde et brillante sur leur tranche
externe et à leur sommet.

Patrie. Cettte espèce est commune, presque toute l'année et dans
presque toute la France, sous les pierres, les feuilles mortes, les détritus, etc.

Obs. Elle se distingue du *myops* par ses yeux non atrophiés et moins
oblongs, et de l'*elegans* par la ponctuation confuse des côtés du prothorax.

Parfois le disque du prothorax est plus ou moins rembruni. D'autres fois tous le corps est d'un roux testacé, avec le front à peine plus foncé. Dans cette variété, les élytres sont un peu plus courtes et plus déprimées (1).

Quelques exemplaires offrent seulement la base de la tête rouge.

Rarement, la crosse des côtés du prothorax est moins confuse, entourée de points moins nombreux.

Voici la description d'une larve trouvée en compagnie du *Xantholinus tricolor* et qui doit sans doute lui être rapportée :

LARVE.

Corps très-allongé, sublinéaire, subétranglé derrière la tête, arcuément subélargi dans son milieu et puis atténué en arrière; subconvexe; éparsement sétosellé; d'un roux testacé brillant, avec l'abdomen pâle et longitudinalement sillonné sur son milieu.

Tête grande, suboblongue, subparallèle ou à peine plus large en avant, arrondie à ses angles postérieurs, d'un tiers plus large que le prothorax ; à peine convexe; très-éparsement sétosellée; d'un roux testacé luisant; presque lisse ou obsolètement ridée en avant, où elle présente un léger et court sillon au-dessus de chaque antenne; parée, sur sa ligne médiane, d'une ligne très-fine et presque imperceptible. *Epistome* quadridenté en avant, avec les dents intermédiaires plus aiguës et plus saillantes. *Mandibules* grandes, arquées, d'un roux de poix. *Palpes* testacés, à dernier article acuminé, à peine plus court que le précédent.

Yeux très-petits, lisses, indiqués par un point brunâtre.

Antennes courtes, testacées, à 1er article rudimentaire : les 2e et 3e suballongés, subcylindriques, subégaux : le 3e tricilié avant son extrémité, lobé au bout de son côté interne : le dernier, linéaire, plus étroit et un peu plus court que le 3e, tricilié au bout.

Prothorax suballongé, assez étroit, subsemicylindrique, tronqué au

(1) M. Tournier, de Genève, nous a communiqué sous le nom de *fulvus* inédit, une variété appartenant à cette catégorie, mais à élytres plus légèrement ponctuées. Suivant ce naturaliste, elle s'introduit dans les galeries souterraines des Hyménoptères fouisseurs.

sommet et à la base, largement rebordé sur celle-ci ; assez convexe ; éparsement sétosellé : presque lisse ; d'un roux testacé brillant, assez clair.

Mésothorax en forme de tronçon de cône, aussi large en avant que le prothorax, graduellement élargi en arrière, largement rebordé à sa base. *Métathorax* de même forme, mais un peu plus court, continuant exactement l'élargissement du mésothorax ; tous les deux, pris ensemble, de la longueur du prothorax, assez convexes, éparsement sétosellés, presque lisses, d'un roux testacé clair et brillant.

Abdomen allongé, plus long que le reste du corps, aussi large à sa base que la partie postérieure du métathorax, et puis graduellement et sensiblement atténué en arrière ; assez peu convexe ; longitudinalement et assez profondément sillonné sur les 8 premiers segments, qui sont longuement sétosellés, pâles, brillants, presque lisses sur le dos, mais finement ridés en long postérieurement et plus ou moins mamelonnés et cicatrisés sur les côtés : le dernier, trapéziforme, plus étroit en arrière, subtronqué à son sommet, qui est armé de 2 lanières triarticulées, subcontiguës à leur base, divergentes à leur extrémité, à 1er article suballongé, assez épais, subatténué vers son sommet : le 2e, beaucoup plus étroit, linéaire, un peu moins long : le dernier trèslong, sétiforme.

Dessous du corps pâle, avec le dessous de la tête et le prosternum plus roux et presque lisses. *Ventre* fortement sétosellé, mamelonné, à mamelons oblongs, à tube terminal épais, subcylindrique, obliquement tronqué au bout, atteignant environ le sommet du 2e article des lanières supérieures, mais infléchi.

Pieds assez courts, pâles. *Hanches* longues. *Cuisses* sublinéaires, épineuses en dessous. *Tibias* plus courts, sublinéaires, fortement épineux, terminés par un crochet acéré et presque droit.

Obs. Cette larve, qui vit sous les pierres, se distingue des autres connues par son prothorax plus étroit et plus long, ce qui donne au corps une forme plus étranglée derrière la tête.

7. **Xantholinus cribripennis**, Fauvel.

Allongé, linéaire, subdéprimé, d'un roux testacé brillant, avec la tête et le dessus de l'abdomen noirs ; le sommet de celui-ci d'un roux de poix, et le disque du prothorax plus ou moins rembruni. Tête ovale-suboblongue, subatténuée en avant, assez finement et subéparsement ponctuée sur les côtés. Prothorax oblong, subrétréci en arrière, un peu moins large que les élytres, confusément ponctué sur les côtés ou à crosses latérales peu distinctes. Élytres à peine oblongues, un peu plus courtes que le prothorax, assez finement et densement ponctuées. Abdomen finement et éparsement pointillé.

♂ *Le 6ᵉ segment abdominal* subtronqué à son bord apical : *celui de l'armure* subsinué à son sommet. *Le 6ᵉ arceau ventral* à peine arrondi au sommet.

♀ *Le 6ᵉ segment abdominal* subarrondi à son bord apical : *celui de l'armure* arrondi à son sommet. *Le 6ᵉ arceau ventral* prolongé et arrondi au sommet.

Xantholinus cribripennis, Fauvel, Faun. Gallo-Rhén. III, 390, 10.

Long. 0,0088 (4 l.). — Larg. 0,0014 (2/3 l.).

Patrie. La Champagne, l'Auvergne, la Grande-Chartreuse.

Obs. Avec la taille et la coloration du *tricolor*, cette espèce se rapproche beaucoup du *distans* par la forme de la tête et de la lame mésosternale. La tête est toujours noire et parfois submétallique, à ponctuation des côtés un peu plus serrée. Les élytres, un peu moins courtes, sont plus densement ponctuées, etc. Malgré ces différences, peut-être en est-elle une variété à grande taille ?

Nous avons vu un exemplaire à tête rousse en arrière. La tête est moins oblongue et plus rétrécie en avant que chez le *tricolor*, avec les élytres un peu plus densement ponctuées.

8. **Xantholinus distans**, MULSANT et REY.

Allongé, étroit, linéaire, subdéprimé, d'un roux testacé brillant, avec la tête et le dessus de l'abdomen d'un noir ou d'un brun de poix, le sommet de celui-ci un peu roussâtre, et le prothorax plus ou moins enfumé. Tête ovale-suboblongue, rétrécie en avant, finement et éparsement ponctuée sur les côtés. Prothorax oblong, subrétréci en arrière, à peine moins large que les élytres, très-confusément ponctué sur les côtés ou à crosses latérales indistinctes. Élytres subcarrées, sensiblement plus courtes que le prothorax, assez fortement et modérément ponctuées. Abdomen très-finement et éparsement ponctué.

♂ *Le 6e segment abdominal* subtronqué à son bord apical : *celui de l'armure* largement et obliquement replié sur ses côtés, subsinueusement tronqué au sommet. *Le 6º arceau ventral* à peine arrondi à son bord postérieur : *celui de l'armure* largement replié sur les côtés, subsinué à son sommet.

♀ *Le 6º segment abdominal* subarrondi à son bord apical : *celui de l'armure* arrondi au sommet. *Le 6º arceau ventral* assez prolongé et arrondi à son bord postérieur : *celui de l'armure* arrondi au sommet.

Xantholinus distans, MULSANT et REY, Ann. Soc. Linn., Lyon, 1853, 58 ; — Op. Ent., II, 71. — KRAATZ, Ins. Deut., II, 639, 8. — RYE, Ent. Ann., 1871, 34. — FAUVEL, Faun. Gallo-Rhén., III, 391, 12.

Long. 0,0071 (3 l. 1/4). — Larg. 0,0012 (1/2 l.).

Corps allongé, étroit, linéaire, subdéprimé, d'un roux testacé brilant, avec la tête et le dessus de l'abdomen d'un noir ou d'un brun de poix ; éparsement pubescent sur celui-ci et les élytres.

Tête ovale-suboblongue, sensiblement atténuée en avant, visiblement plus large que le prothorax ; éparsement sétosellée, parsemée en outre de quelques légers poils blonds ; finement et éparsement ponctuée sur les côtés, avec quelques pores moins fins ; d'un noir ou d'un brun de poix luisant, avec sa base parfois d'un rouge brun. *Front* très-

large, subconvexe, à stries juxta-oculaires obsolètes et terminées par
un point un peu plus gros. *Cou* convexe, brunâtre ou d'un roux de
poix, presque lisse ou ruguleux le long de son bord antérieur. *Épistome* étroit, submembraneux en avant. *Labre* subcorné, d'un roux de
poix, longuement sétosellé en avant. *Mandibules* brunes. *Palpes* d'un
roux testacé.

Yeux irréguliers, plus ou moins obscurs.

Antennes courtes, un peu plus longues que la tête; subépaissies;
finement duveteuses, légèrement pilosellées surtout vers leur base;
d'un roux plus ou moins foncé, avec le dernier article parfois plus
clair; le 1er en massue allongée et arquée, subégal aux 4 suivants réunis : les 2e et 3e oblongs, obconiques, subégaux : les suivants, graduellement un peu plus épais : le 4e fortement, les 5e à 10e très-fortement
transverses : le dernier, courtement ovalaire, subacuminé au bout.

Prothorax oblong, subrétréci en arrière, où il est un peu ou à peine
moins large que les élytres; obliquement tronqué de chaque côté de
son sommet, avec les angles antérieurs infléchis, obtus et subarrondis; largement subsinué en arrière sur ses côtés vus latéralement; subarrondi à sa base, à angles postérieurs obtus; faiblement convexe;
éparsement sétosellé, avec la longue soie latérale située sur le rebord
même; d'un roux testacé très-brillant, avec le disque et surtout la base
plus ou moins rembrunis; à séries dorsales composées de 10 à 12 points
fins et les latérales très-confuses, à crosse indistincte, confondue au
milieu de points nombreux. *Repli* subconvexe, à peine ridé, d'un roux
testacé.

Écusson subconcave, brunâtre ou d'un brun roussâtre, finement
ridé, bissétosellé.

Élytres subcarrées, sensiblement plus courtes que le prothorax, subparallèles ou à peine plus larges en arrière qu'en avant; subdéprimées; assez fortement et modérément ou subéparsement ponctuées,
avec l'intervalle des points, surtout en arrière, parfois un peu chagriné; d'un roux testacé brillant; parsemées d'une fine pubescence
blonde, subredressée, plus distincte sur les côtés, avec quelques rares
soies obscures, dont 1 beaucoup plus longue sur les épaules, 1 autre
vers le 1er tiers près de la suture, et 1 autre à la base près de l'écus-

son, ces deux dernières souvent caduques. *Epaules* à calus assez saillant, presque lisse.

Abdomen plus ou moins allongé, à peine moins large que les élytres, subparallèle ou parfois à peine élargi postérieurement; assez fortement convexe; longuement et éparsement sétosellé, avec une fine pubescence blonde, couchée, assez longue et plus ou moins distincte; très-finement et éparsement ponctué, avec l'intervalle des points obsolètement chagriné; d'un brun de poix brillant, à sommet un peu roussâtre, ainsi que les tranches latérales.

Dessous du corps finement pubescent, éparsement pointillé, d'un roux testacé, avec la tête brunâtre. *Lame mésosternale* subtriangulaire, plus ou moins arrondie au sommet, finement ridée, à intermède très-petit. *Métasternum* subdéprimé en arrière sur son milieu. *Ventre* convexe, parfois plus foncé, éparsement sétosellé.

Pieds finement pubescents, éparsement ponctués, d'un roux testacé. *Tibias antérieurs* obliquement rugueux en travers à l'extrémité de leur face interne, à pubescence blonde plus distincte sur leur tranche externe et à leur sommet.

Patrie. Cette espèce est particulière aux forêts et aux montagnes. On la prend en été sous les écorces, les mousses, les feuilles mortes, et parfois avec les fourmis, dans la Flandre, l'Alsace, les Vosges, l'Auvergne, la Bourgogne, les montagnes lyonnaises, au mont Pilat, à la Grande-Chartreuse, dans la Guienne, etc.

Obs. Elle se distingue des *tricolor* et *cribripennis* par sa taille moindre; du premier, par sa tête moins oblongue; de celui-ci, par ses élytres plus courtes et moins densement ponctuées, et par son prothorax relativement plus étroit, moins élargi en avant, etc.

Le prothorax est rarement entièrement rembruni, parfois seulement sur le milieu du disque, d'autres fois à la base.

Quelquefois la tête et le prothorax ont un reflet bronzé sensible. Dans les immatures, le prothorax et l'abdomen sont presque entièrement roux.

Rarement, la crosse des côtés du prothorax est isolée, bien distincte.

Nous décrirons ici, en abrégé, une espèce étrangère à la France continentale :

Xantholinus hesperius, ERICHSON.

Allongé, linéaire, subdéprimé, d'un noir brillant, avec les élytres d'un noir bronzé, le sommet de celles-ci, celui de l'abdomen, les palpes et les tarses d'un roux de poix, les antennes et les pieds brunâtres. Tête subcarrée ou brièvement ovalaire, à peine rétrécie en avant, éparsement et assez finement ponctuée sur les côtés. Prothorax oblong, rétréci en arrière, un peu moins large que les élytres, à séries latérales distinctes et composées de 12 petits points, les dorsales de 8 à 10. Élytres suboblongues, à peine plus longues que le prothorax, vaguement ponctuées en dedans, subsérialement vers les côtés. Abdomen éparsement et obsolètement ponctué.

♂ *Le 6ᵉ segment abdominal* subtronqué à son bord apical : *celui de l'armure* peu saillant, subarrondi au sommet. *Le 6ᵉ arceau ventral* peu prolongé, subarrondi à son bord postérieur.

♀ *Le 6ᵉ segment abdominal* à peine arrondi à son bord apical : *celui de l'armure* peu saillant, étroitement arrondi au sommet. *Le 6ᵉ arceau ventral* sensiblement prolongé et arrondi à son bord postérieur.

Xantholinus Hesperius, ERICHSON. Gen. et Spec. Staph., 329, 47.
Xantholinus limbatus, WALTL, Reis. And. II,, 57.

Long. 0,0077 (3 l. 1/2). — Larg. 0,0010 (1/2 l.).

PATRIE. Le Portugal, l'Espagne.

OBS. Cette espèce a la forme du *glaber*, mais les élytres sont d'un noir bronzé, avec leur sommet d'un roux de poix parfois testacé. La tête paraît plus courte et plus grande. Les points des séries du prothorax sont plus fins et plus nombreux. Les élytres sont plus vaguement ponctuées, etc.

- La lame mésosternale est en triangle à sommet émoussé, caractère qui, avec sa couleur générale, rapproche cette espèce des *longiventris* et *linearis*. Elle en diffère par sa tête plus courte et plus large, par les séries latérales du prothorax plus nettes et isolées, par ses élytres moins vaguement ponctuées, etc.

9. **Xantholinus longiventris**, HEER.

Allongé, étroit, sublinéaire, subdéprimé, d'un noir brillant, avec les antennes et les pieds brunâtres, les tarses et les palpes d'un roux de poix. Tête oblongue, à peine atténuée en avant, assez finement et éparsement ponctuée sur les côtés. Prothorax oblong, rétréci en arrière, un peu moins large que les élytres, assez confusément ponctué sur les côtés ou à crosses latérales peu distinctes, à séries dorsales de 12 points. Elytres oblongues, au moins de la longueur du prothorax, finement et assez densement ponctuées. Abdomen finement et subéparsement pointillé.

♂ *Le 6ᵉ segment abdominal* subtronqué à son bord apical : *celui de l'armure* replié sur ses bords latéraux, subsinué à son sommet, laissant parfois saillir un faisceau de longues épines. *Le 6ᵉ arceau ventral* à peine arrondi à son bord postérieur : *celui de l'armure* replié sur ses bords, subsinué à son sommet.

♀ *Le 6ᵉ segment abdominal* subarrondi à son bord apical : *celui de l'armure* composé de 2 segments, dont le dernier étroitement arrondi au sommet. *Le 6ᵉ arceau ventral* largement arrondi à son bord postérieur : *celui de l'armure* largement replié sur les côtés, étroitement arrondi au sommet.

Xantholinus elongatus, HEER, Mitth., I, 75.
Xantholinus longiventris, HEER, Faun. Helv., I, 247, 10. — KRAATZ, Ins. Deut. II, 641, 12. — THOMSON, Skand., Col. II, 191, 7.

Variété *a*. Subaptère. *Élytres* un peu plus fortement ponctuées. *Antennes* et *pieds* d'un roux de poix.

Xantholinus linearis, THOMSON, Skand. Col. II, 191, 6.

Long. 0,0077 (3 l. 1/2). — Larg. 0,0012 (1/2 l.).

Corps allongé, étroit, sublinéaire, subdéprimé, d'un noir bronzé brillant; revêtu, sur les élytres et l'abdomen, d'une légère pubescence grise, plus fine et plus serrée sur ce dernier.

Tête oblongue, à peine atténuée en avant, à peine plus large que le prothorax; éparsement sétosellée, avec une légère pubescence blonde sur les côtés; assez finement et plus ou moins éparsement ponctuée, excepté sur la ligne médiane qui est lisse; d'un noir luisant. *Front* très-large, légèrement convexe, à stries juxta-oculaires obsolètes. *Cou* convexe, presque lisse. *Epistome* étroit, subcorné. *Labre* corné, d'un noir de poix, longuement sétosellé en avant. *Mandibules* noires. *Palpes* d'un roux de poix.

Yeux irréguliers, plus ou moins obscurs.

Antennes courtes, un peu plus longues que la tête; subépaissies; finement duveteuses et à peine pilosellées; brunâtres, avec leur extrémité souvent ferrugineuse; à 1er article en massue allongée et arquée, au moins égal aux 4 suivants réunis : les 2e et 3e oblongs, obconiques, subégaux : les suivants, graduellement un peu plus épais, fortement transverses, avec les pénultièmes encore plus fortement : le dernier en ovale subacuminé.

Prothorax oblong, plus étroit en arrière, où il est un peu moins large que les élytres; obliquement tronqué de chaque côté de son sommet, avec les angles antérieurs subinfléchis et arrondis; largement et à peine sinué en arrière sur ses côtés vus latéralement; subarrondi à sa base, à angles postérieurs obtus; faiblement convexe; éparsement sétosellé, avec la longue soie latérale située sur le rebord même; d'un noir bronzé luisant; à séries dorsales composées de 12 points environ, assez fins, et les latérales assez confuses ou à crosse peu distincte. *Repli* obsolètement ridé, brun, à partie antérieure un peu roussâtre.

Écusson à peine concave, presque lisse, d'un noir brillant, bisséto-sellé.

Élytres oblongues, au moins de la longueur du prothorax, un peu plus larges en arrière qu'en avant; subdéprimées ou à peine convexes; finement et assez densement, et parfois subsérialement, ponctuées; d'un noir bronzé brillant; parsemées d'une fine pubescence blonde ou grise, et subredressée, avec quelques rares et légères soies obscures, dont 1 beaucoup plus longue, sur les épaules, 1 autre avant le milieu vers la suture, et 1 autre à la base près de l'écusson, ces 2 dernières parfois caduques. *Épaules* à calus assez saillant, lisse.

Abdomen allongé, un peu moins large que les élytres, subparallèle ou à peine arqué sur les côtés; assez fortement convexe; longuement et éparsement sétosellé, avec une légère pubescence grise, plus distincte et plus serrée sur les côtés ; finement et subéparsement pointillé, un peu plus lisse en arrière; d'un noir brillant, non ou à peine bronzé.

Dessous du corps finement pubescent, finement ponctué, d'un noir brillant et à peine métallique, avec le mésosternum rarement moins foncé et la marge apicale des 2 derniers arceaux du ventre couleur de poix. *Lame mésosternale* subtriangulaire, émoussée ou subémoussée au sommet, finement ridée, à intermède très-petit. *Métasternum* subdéprimé en arrière sur son milieu, à ligne médiane lisse. *Ventre* convexe, finement chagriné et plus densement pointillé sur ses côtés, éparsement sétosellé, plus longuement en arrière.

Pieds finement pubescents, finement ponctués, brunâtres ou d'un roux obscur, avec les tarses plus clairs. *Tibias antérieurs* à pubescence blonde, assez brillante, à rides obliques du sommet assez fines.

Patrie. Cette espèce, peu commune, se prend, au printemps, sous les détritus, dans les environs de Lyon, dans les collines du Beaujolais, les Alpes, la Provence. etc.

Obs. Elle est remarquable par sa couleur d'un noir bronzé, plus accusée que dans toute autre, et par la fine ponctuation de ses élytres.

Nous avons vu quelques exemplaires à tête plus parallèle, à 1er article des antennes moins foncé, à élytres à peine plus courtes et un peu moins finement ponctuées, et à pieds d'une couleur plus claire. Nous les rapportons au *linearis* de Thomson ; mais, jusqu'à nouvel ordre, nous nous abstenons d'en faire une espèce, faute de données suffisantes.

Rarement, les élytres sont roussâtres, ainsi que les angles antérieurs du prothorax. Les types d'Heer, qui nous ont été communiqués, offraient cette particularité et avaient la tête subparallèle, et les élytres plus fortement ponctuées que chez les nôtres.

10. **Xantholinus linearis**, OLIVIER.

Allongé, étroit, sublinéaire, subdéprimé, d'un noir bronzé brillant, avec les élytres d'un brun de poix, les antennes d'un roux obscur, les palpes et les pieds roux. Tête oblongue, subparallèle, finement et subéparsement ponctuée sur les côtés. Prothorax oblong, subrétréci en arrière, un peu moins large que les élytres, finement, confusément et assez densement ponctué sur les côtés, à crosses latérales indistinctes, à séries dorsales de 13 à 16 points. Élytres suboblongues, à peine aussi longues que le prothorax, assez finement et subéparsement ponctuées. Abdomen très-finement et subéparsement pointillé.

♂ *Le 6ᵉ segment abdominal* subtronqué à son bord apical : *celui de l'armure* replié sur ses côtés, subsinué à son sommet. *Le 6ᵉ arceau ventral* subtronqué à son bord postérieur : *celui de l'armure* replié sur ses côtés, subsinueusement tronqué au sommet.

♀ *Le 6ᵉ segment abdominal* à peine arrondi à son bord apical : *celui de l'armure* composé de 2 segments dont le dernier arrondi au sommet. Le 6ᵉ *arceau ventral* arrondi à son bord postérieur : *celui de l'armure* replié sur les côtés, arrondi au sommet.

Staphylinus linearis, OLIVIER, Ent. III, n° 42, 19, 21, pl. IV, fig. 38. (partim).— FABRICIUS, Ent. Syst. Suppl. 180, 41 (partim).
Xantholinus linearis, ERICHSON, Col. March. I, 428, 8; Gen. et Spec. Staph. 332, 52 (partim).— HEER, Faun. Helv. I, 246, 9.— KRAATZ, Ins. Deut. II, 641, 13 (1).
Xantholinus multipunctatus, THOMSON, Skand, col. II, 191, 8.

Variété *a*. *Élytres* testacées ou d'un testacé ferrugineux.

Staphylinus ochraceus, GRAVENHORST, Micr. 43, 65 ; Mon. 97, 95.— LATREILLE, Hist. nat. Crust. et Ins. IX, 329, 83.
Xantholinus ochraceus, BOISDUVAL et LACORDAIRE, Faun. Ent. Par. I, 416, 8.

Variété *b*. (*Immature*). *Corps* d'un testacé de poix, avec les antennes et les pieds plus clairs, la tête et l'abdomen rembrunis.

(1) Nous nous dispensons de citer d'autres synonymies, la plupart des auteurs ayant confondu les *linearis* et *longiventris*.

Long. 0,007 (3 l. 1/4). — Larg. 0,0010 (1/2 l.).

Corps allongé, étroit, sublinéaire, subdéprimé, d'un noir bronzé brillant, avec les élytres le plus souvent moins foncées ; revêtu sur celles-ci et l'abdomen d'une fine pubescence grise, plus serrée sur ce dernier.

Tête oblongue, subparallèle, à peine plus large que le prothorax ; éparsement sétosellée, à pubescence blonde des côtés peu distincte ; finement, modérément ou subéparsement ponctuée, avec un espace longitudinal lisse ; d'un noir bronzé luisant. *Front* très-large, légèrement convexe, à stries juxta-oculaires obsolètes. *Cou* convexe, presque lisse. *Épistome* étroit, subcorné, d'un roux de poix en avant. *Labre* corné, d'un roux de poix, sétosellé au sommet. *Mandibules* d'un noir de poix. *Palpes* roux.

Yeux irréguliers, plus ou moins obscurs.

Antennes courtes, un peu plus longues que la tête ; sensiblement épaissies ; finement duveteuses, légèrement pilosellées vers leur base ; d'un roux obscur, avec le 1er article parfois plus foncé ; celui-ci en massue allongée et subarquée, subégal aux 4 suivants réunis : les 2e et 3e oblongs ou suboblongs, obconiques, subégaux : les suivants graduellement plus épais : le 4e fortement, les 5e à 10e très-fortement transverses : le dernier en ovale court et subacuminé.

Prothorax oblong, subrétréci en arrière, un peu moins large que les élytres ; subobliquement tronqué de chaque côté au sommet, avec les angles antérieurs infléchis et subarrondis ; largement subsinué en arrière sur les côtés vus latéralement ; subarrondi à sa base, à angles postérieurs obtus ; faiblement convexe ; assez densement sétosellé, avec la longue soie latérale située sur le rebord même ; d'un noir bronzé luisant ; à séries dorsales composées de 13 à 16 points fins, et les latérales tout à fait confuses, à crosse indistincte et entourée de points nombreux jusqu'aux dorsales. *Repli* presque plan, presque lisse, d'un roux de poix.

Écusson à peine concave, presque lisse, d'un noir brillant, obsolètement bissétosellé.

Élytres suboblongues, à peine aussi longues ou un peu plus courtes que le prothorax ; subparallèlles ou à peine plus larges en arrière ; subdéprimées ; assez finement et parfois même assez fortement mais peu densement ponctuées ; d'un noir bronzé brillant, souvent couleur de poix ou roussâtre ; parsemées d'une fine pubescence grise et subredressée, avec quelques rares et légères soies obscures, dont 1, beaucoup plus longue, sur les épaules, 1 autre avant le milieu vers là suture et 1 autre près de l'écusson. *Épaules* à calus assez saillant, lisse.

Abdomen plus ou moins allongé, à peine moins large que les élytres, subparallèle ou à peine arqué sur les côtés ; convexe ; longuement et éparsement sétosellé, avec une fine pubescence grise, plus distincte et plus serrée sur les côtés ; très-finement et subéparsement pointillé, un peu plus densement de chaque côté (1) ; d'un noir brillant, non bronzé.

Dessous du corps finement pubescent, finement ponctué, d'un noir de poix brillant, avec le prosternum et le mésosternum généralement moins foncés. *Lame mésosternale* subtriangulaire, plus ou moins arrondie au sommet. *Métasternum* à peine convexe, subégalement ponctué, sans ligne médiane lisse. *Ventre* convexe, assez densement pointillé et pubescent, à peine sétosellé.

Pieds finement pubescents, finement ponctués, roux, avec les tarses un peu plus clairs, et les hanches postérieures souvent plus foncées.

Patrie. Cette espéce est commune dans presque toute la France, sous les pierres, les détritus, dans les fumiers, etc.

Obs. Bien que très-voisine du *longiventris*, elle en est pourtant distincte par sa taille moindre, par sa couleur d'un bronzé un peu moins obscur ; par ses antennes à peine plus épaisses, à 4e et 5e articles plus fortement transverses, avec les 2e et 3e un peu moins oblongs ; par sa tête un peu plus finement ponctuée ; par son prothorax à peine moins rétréci en arrière, à ponctuation des côtés plus fine, plus serrée et plus confuse, à séries dorsales composées de points plus fins et plus

____

(1) L'intervalle des points, sur les côtés, parait finement chagriné dans cette espèce comme dans la précédente.

nombreux ; par ses élytres un peu moins longues, un peu plus déprimées, moins finement et un peu moins densement ponctuées, presque
constamment d'une couleur moins foncée, brune ou rousse ; par sa
lame mésosternale généralement roussâtre, plus arrondie au sommet ;
par ses antennes et ses pieds moins obscurs, etc.

Elle varie beaucoup pour la taille qui parfois dépasse à peine 4 millimètres, et surtout pour la couleur des élytres qui passe du noir
bronzé au brun de poix et au roux ou testacé. Plus rarement, le prothorax affecte cette dernière teinte, et alors les antennes, les pieds et
le sommet de l'abdomen prennent une couleur encore plus claire.
Cette variété, moins la forme de la tête, ressemble au *X. distans.*

La longueur des élytres et leur ponctuation sont également variables, et nous avons vu un exemplaire subaptère, en tout conforme au
longiventris, à l'exception du prothorax qui est encore plus finement
et plus densement pointillé que dans notre *linearis.* Sa couleur est
entièrement d'un noir bronzé. Nous nommerons provisoirement cette
variété *X. commixtus,* nobis.

M. Fauvel réunit les 3 espèces de Thomson, *linearis, longiventris* et
multipunctatus. Quant à nous, nous en avons reconnu réellement 2 bien
tranchées, après examen d'une longue série de chaque et de provenances diverses. De plus, il nous a été donné de constater, mais sur
un trop petit nombre d'exemplaires, quelques formes neutres qui doivent
peut-être répondre à de nouvelles espèces, qu'une étude plus approfondie viendra sans doute confirmer plus tard, avec les progrès de la
science : ce qui a déjà eu lieu relativement aux 3 espèces de *Baptolinus*
longtemps réunies et aux *Xantholinus tricolor* et *distans* dont plusieurs
catalogues maintiennent la séparation.

LARVE

La larve du *Xantholinus linearis* diffère si peu de celle du *punctulatus,*
décrite par Bouché, que nous nous bornerons à en signaler les différences. La tête, un peu moins grande, est moins déprimée et plus
lisse en avant, plus parallèle, moins large relativement au prothorax.
L'abdomen est un peu moins profondément sillonné sur sa ligne
médiane, avec le 2ᵉ article des lanières du dernier segment aussi

long que le 1er, mais plus grêle. Le tube terminal du ventre paraît un peu ou à peine plus court, etc.

Obs. Cette larve vit dans les endroits vaseux, sous les pierres, où elle se creuse de petites galeries. Elle se prend aussi sous les détritus mouillés.

aa. *Tempes* offrant sur les côtés 2 rebords mousses mais bien apparents : l'un au niveau du bord externe de l'œil, l'autre plus en dessous (1). *Tête* plus ou moins fortement et densement ponctuée sur les côtés, munie souvent à ses angles postérieurs d'une très-petite dent obsolète. *Lame mésosternale* courte, largement et bissinueusement arrondie au sommet, à lobe médian plus prolongé et comme soudé à l'*intermède* qui est subglobuleux et lisse. (Sous-genre *Gyrohypnus*, Stephens).

l. *Tête* graduellement et rectilinéairement subélargie derrière les yeux.

m. *Tête* subcarrée ou à peine oblongue, densement et subrugueusement ponctuée sur les côtés, à points subarrondis, à *espace médian lisse* plus ou moins large. *Yeux* médiocres, subégaux à la moitié de l'intervalle qui les sépare des angles postérieurs de la tête. *Séries dorsales du prothorax* de 4 ou 5 points. *Antennes* et *pieds* d'un noir de poix, avec les tarses plus clairs. *Abdomen* subconcolore. *Taille* médiocre. **punctulatus.**

mm. *Tête* oblongue, très-densement et rugueusement ponctuée sur les côtés, à points suboblongs, à *espace médian lisse* plus ou moins réduit. *Yeux* assez petits, à peine égaux au tiers de l'intervalle qui les sépare des angles postérieurs de la tête. *Séries dorsales du prothorax* de 7 ou 8 points. *Antennes, pieds* et *sommet de l'abdomen* d'un roux de poix ; *élytres* souvent brunâtres. *Taille* un peu moindre.............. **ochraceus.**

ll. *Tête* non subélargie derrière les yeux. *Ceux-ci* médiocres, un peu moins longs que la moitié de l'intervalle qui les sépare des angles postérieurs de la tête. *Series dorsales du prothorax* de 5 points. *Antennes, pieds* et *sommet de l'abdomen* roussâtres.

n. *Tête* subparallèle et subrectiligne sur ses côtés, fortement et densement ponctuée, à *espace médian lisse*

______

(1) L'intervalle entre ces 2 rebords est plan et vertical, c'est sans doute ce que Thomson a voulu dire par « *Caput lateribus subcompressum* ».

très-réduit. *Elytres* d'un noir bronzé, de la longueur
du prothorax. *Sommet de l'abdomen* seul d'un roux de
poix. *Taille* médiocre........................... *atratus.*

nn. *Tête* subarquée sur les côtés, moins fortement et moins
densement ponctuée, à *espace médian lisse* assez large.
Elytres d'un brun de poix, à peine plus courtes que le
prothorax. *Sommet de l'abdomen et intersections dbdomi-
nales et ventrales* d'un roux de poix. *Taille* assez petite. *picipes.*

11. Xantholinus (Gyrohypnus) punctulatus, PAYKULL.

*Allongé, linéaire, peu convexe, d'un noir brillant, avec les élytres sub-
nétalliques, les palpes et les tarses d'un roux de poix. Tête subcarrée ou
à peine oblongue, graduellement subélargie derrière les yeux, densement,
fortement et subrugueusement ponctuée, à espace médian lisse assez large.
Prothorax oblong, à peine rétréci en arrière, un peu moins large que les
lytrès, à crosses latérales isolées et très-nettes, à séries dorsales compo-
ées de 4 ou 5 points assez forts. Élytres oblongues, un peu plus longues
jue le prothorax, assez fortement et vaguement ponctuées en dedans,
érialement en dehors. Abdomen finement et assez densement ponctué.*

♂ *Le 6ᵉ segment abdominal* tronqué à son bord apical : *celui de l'armure* longitudinalement imbriqué dans son milieu, parfois fendu et
léhiscent. *Le 6ᵉ arceau ventral* subtronqué à son bord postérieur :
elui de l'armure imbriqué sur sa ligne médiane.

♀ *Le 6ᵉ segment abdominal* à peine arrondi à son bord apical : *celui
le l'armure* composé de 2 segments dont le dernier petit, semi-lunaire.
Le 6ᵉ arceau ventral largement arrondi à son bord postérieur : *celui
le l'armure* assez saillant, largement replié sur les côtés, arrondi au
sommet.

Staphylinus punctulatus, PAYKULL, Mon., Staph., 30, 22; — Faun. Suec.,
III, 380, 17. — FABRICIUS, Ent. Syst., I, II, 528, 45 ; — Syst. El., II, 600,
56, — GYLLENHAL, Ins. Suec., II, 353, 68.
Gyrohypnus punctulatus, MANNERHEIM, Brach., 33, 4. — NORDMANN, Symb.,
117, 7.
Staphylinus elongatus, FOURCROY, Ent. Par., I, 171, 27. — LATREILLE, Hist

nat., Crust. et Ins., IX, 330, 84. — Gravenhorst, Mon., 98, 98 ; — Micr.,
45, 66, Var. 5.

Staphylinus fracticornis, Muller, Prod., 99, 118.

Xantholinus punctulatus, Boisduval et Lacordaire, Faun. Ins., Par., I,
415, 16. — Erichson, Col, March., I, 426, 6 ; — Gen. et Spec. Staph., 328,
46. — Redtenbacher, Faun. Austr., 692, 7. — Heer, Faun. Helv., I, 245,
5. — Fairmaire et Laboulbène, Faun. Ent., Fr., I, 502, 7. — Kraatz, Ins.
Deut., II, 635, 3. — Thomson, Skand. Col., II, 189, 1 ; IX, 176, 1. — Fauvel,
Faun. Gallo-Rhén., III, 385, 4.

Long. 0,0070 (3 l. 1/5). — Larg. 0,0011 (1/2 l.)

Corps allongé, linéaire, peu convexe, d'un noir brillant, avec les
élytres submétalliques ; revêtu sur celles-ci et l'abdomen d'une fine
pubescence cendrée, plus distincte sur ce dernier.

Tête subcarrée ou à peine oblongue, graduellement et rectilinéairement subélargie en arrière où elle est de la largeur du prothorax ; à
angles postérieurs étroitement arrondis ; distinctement sétosellée, avec
une légère pubescence pâle sur les tempes ; fortement, densement et
subrugueusement ponctuée, à espace médian lisse ou à peine pointillé,
au moins aussi large que l'intervalle des 2 sillons intermédiaires antérieurs, à points latéraux subarrondis, subombiliqués, à intervalles
brillants, lisses ou avec çà et là des points très-fins ; d'un noir brillant.
Front très-large, subconvexe. *Cou* convexe, lisse, rugueux à son insertion avec le vertex. *Épistome* étroit, submembraneux et testacé en
avant. *Labre* subcorné, roux, sétosellé à son sommet. *Mandibules* obscures. *Palpes* d'un roux de poix foncé, avec le dernier article souvent
plus clair.

Yeux irréguliers, plus ou moins obscurs.

Antennes courtes, un peu plus longues que la tête ; à peine épaissies ;
finement duveteuses, légèrement pilosellées vers leur base ; brunâtres
ou d'un roux très-obscur, avec le 1er article noir : celui-ci en massue
allongée et arquée, au moins égal aux 4 suivants réunis : les 2e et 3e
suboblongs, obconiques : le 3e à peine aussi long que le 2e : les 4e et
5e fortement, les 6e à 10e plus fortement transverses, subégaux : le
dernier en ovale court, mousse ou à peine acuminé.

Prothorax oblong, à peine rétréci en arrière où il est un peu moins
large que les élytres ; obliquement tronqué de chaque côté au sommet,

vec les angles antérieurs infléchis et largement arrondis ; subsinué en
rrière sur les côtés vus latéralement ; subarrondi à sa base, à angles
ostérieurs obtus ; légèrement convexe ; distinctement sétosellé, avec
a longue soie latérale située sur le rebord même ; d'un noir luisant,
resque lisse ; à séries dorsales composées de 4 ou 5 points assez forts,
es latérales de 8 ou 9 points plus fins et disposés en crosse très-nette
t isolée. *Repli* à peine excavé, noir, presque lisse.

Écusson à peine chagriné, peu brillant, noir, bissétosellé.

Élytres oblongues, un peu plus longues que le prothorax, subélar-
ies en arrière ; subdéprimées ou à peine convexes ; assez fortement et
eu densement ponctuées, vaguement en dedans, bissérialement vers
es côtés, avec le repli plus finement et plus densement ponctué ; d'un
oir brillant et plus ou moins métallique ; parsemées d'une pubescence
'un cendré pâle, subredressée et presque rangée en lignes, avec quel-
ues rares soies obscures, dont 3 beaucoup plus longues : 1 sur les
paules, 1 vers le 1er tiers près de la suture, 1 vers l'écusson. *Épaules*
à calus assez saillant, lisse.

Abdomen plus ou moins allongé , moins large que les élytres.; sub-
arallèle ou à peine arqué sur les côtés ; assez convexe ; longuement
t éparsement sétosellé, avec une pubescence pâle et couchée, subcon-
ergente en dedans, plus apparente sur les côtés ; finement et assez
densement ponctué, plus obsolètement sur le dos ; d'un noir brillant,
oncolore.

Dessous du corps finement pubescent, finement ponctué, d'un noir
rillant, avec la marge postérieure des 5e et 6e arceaux du ventre d'un
oux de poix. *Dessous de la tête* fortement et assez densement ponctué.
ame *mésosternale* courte, bissinueusement arrondie au sommet, à in-
ermède subglobuleux, lisse. *Métasternum* à peine convexe, lisse sur sa
igne médiane, souvent finement et obsolètement canaliculé en arrière
ur celle-ci. *Ventre* convexe, longuement et éparsement sétosellé, à pu-
escence pâle bien distincte et assez forte, subdirigée en dehors sur les
ôtés.

Pieds finement pubescents, légèrement ponctués, d'un noir ou d'un
run de poix, avec les tarses toujours plus clairs.

PATRIE. On prend cette espèce, toute l'année et très-communément, dans presque toute la France, sous les pierres, les feuilles mortes, les détritus, dans les fumiers, les champignons, etc.

Obs. Comparée aux précédentes, elle ne souffre aucune discussion. Elle varie pour la taille, qui parfois atteint à peine 6 millimètres. Les élytres sont quelquefois d'un noir bronzé à peine verdâtre ou même bleuâtre. Les antennes et les pieds sont, rarement, d'un roux de poix. Elle répond peut-être aux *ater* et *obscurus* de Stephens (II l. Brit. V, 255 et 256).

La larve du *Xantholinus punctulatus* a été décrite et figurée par Bouché (Naturg. d. Ins., 180, pl. VIII, fig. 9). Erichson (Gen. 307) en a rapporté la description.

Elle a les mœurs et la forme de l'insecte parfait. Elle est linéaire, atténuée en arrière, sétosellée, d'un testacé pâle, avec la tête et le prothorax plus roux. Le dernier segment de l'abdomen est muni de 2 lanières triarticulées : le 1er article suballongé, assez épais, subcylindrique : le 2e plus court, plus grêle, cylindrique : le dernier en forme de très-longue soie terminale. Le tube du dernier arceau du ventre est épais, presque aussi prolongé que le 2e article des lanières supérieures, mais infléchi.

12. Xantholinus (Gyrohypnus) ochraceus, Gyllenhal.

Allongé, étroit, linéaire, subdéprimé, d'un noir brillant, avec les élytres d'un noir de poix submétallique ; le sommet de l'abdomen, les palpes, les antennes et les pieds d'un roux de poix. Tête oblongue, graduellement subélargie derrière les yeux, presque mate sur les côtés, très-densement et rugueusement ponctuée, à espace médian lisse assez réduit. Prothorax oblong, subrétréci en arrière, un peu moins large que les élytres, à crosses latérales isolées et très-nettes, à séries dorsales composées de 7 ou 8 points assez fins. Élytres suboblongues, de la longueur du prothorax, assez finement et vaguement ponctuées en dedans, sérialement sur les côtés. Abdomen finement et assez densement ponctué.

♂ *Le 6e segment abdominal* subtronqué à son bord apical : *celui de l'armure* longitudinalement imbriqué sur son milieu. *Le 6e arceau itral* à peine arrondi à son bord postérieur : *celui de l'armure* imbrié sur sa ligne médiane.

♀ *Le 6ᵉ segment abdominal* à peine arrondi à son bord apical : *celui l'armure* composé de **2** segments dont le dernier petit, semilunaire.

 6ᵉ arceau ventral largement subarrondi à son bord postérieur : *ui de l'armure* formé de **2** segments, dont le 1ᵉʳ imbriqué sur son lieu, et le dernier assez grand, arrondi au sommet.

ntholinus ochraceus, HEER, Faun. Helv. I, ?45, 6 — KRAATZ, Ins. Deut. II, 636, 4. — THOMSON, Skand, Col. II, 189, 2; IX, 176, 2.

Variété *a. Élytres* d'un roux de poix, parfois subtestacé.

iphylinus punctulatus, var. *b,* PAYKULL, Faun. Suec, III. 380, 71.
iphylinus elgontus, var. 1-4, GRAVENHORST, Micr. 45, 66.
iphylinus ochraceus, GYLLENHAL, Ins. Suec. II, 352, 67.
rohypnus ochraceus, MANNERHEIM, Brach. 33 , 2. — NORDMANN, Symb. 113, 2.
intholinus punctulatus, var. *a.,* ERICHSON, Gen. et Spech. Staph. 328.

Long. 0,0066 (3 l.). — Larg. 0,0010 (1/2 l.).

PATRIE. Cette espèce se trouve de diverses manières, comme la préiente, mais elle est moins répandue.

OBS. Elle lui ressemble beaucoup, et, au lieu de la décrire complèment, nous nous bornerons à en récapituler les principales diffénces avec quelques autres d'une moindre importance. Elle est un u plus petite, plus étroite et un peu plus déprimée. La tête, plus longue, est plus densement et plus rugueusement ponctuée sur les tés, avec les points plus oblongs et leur intervalle plus mat et comme is-fine chagriné ; l'espace médian lisse est ordinairement plus étroit, us réduit. Le prothorax paraît un peu plus rétréci en arrière ; paris très-finement, éparsement et obsolètement pointillé, du moins us visiblement que chez le *punctulatus,* et les points des séries dories sont moins gros et plus nombreux. Les élytres, un peu moins ngues, sont un peu plus finement ponctuées et généralement d'une uleur moins foncée. Le sommet de l'abdomen, les palpes, les antenis et les pieds sont moins obscurs, etc.

Quelquefois le 1er article des antennes est rembruni. Les élytres passent du noir bronzé au roux de poix subtestacé. L'abdomen paraît souvent très-finement chagriné entre les points, ce qui a lieu plus obscurément dans le *punctulatus*. L'*ochraceus* répond peut-être à l'*angustatus* de Stephens (III. Brit. V, 263).

13. Xantholinus (Gyrohypnus) atratus, Heer.

Allongé, linéaire, peu convexe, d'un noir brillant, avec les élytres sub-métalliques, les palpes roux, le sommet de l'abdomen, les antennes et les pieds d'un roux de poix. Tête subcarrée ou à peine oblongue, subparallèle et subrectiligne sur les côtés, fortement et densement ponctuée, à espace médian lisse très-réduit. Le 3e article des antennes un peu plus court que le 2e. Prothorax oblong, à peine rétréci en arrière, un peu moins large que les élytres, à crosses latérales isolées et très-nettes, à séries dorsales composées de 5 points médiocres. Élytres suboblongues, de la longueur du prothorax, finement et vaguement ponctuées en dedans, plus fortement et sérialement vers les côtés. Abdomen finement et subéparsement ponctué.

♂ *Le* 6e *segment abdominal et le* 6e *arceau ventral* subtronqués ou à peine arrondis à leur bord apical: *celui de l'armure* longitudinalement imbriqué et parfois déhiscent dans son milieu.

♀ *Le* 6e *segment abdominal et le* 6e *arceau ventral* subarrondis à leur bord apical : *celui de l'armure* composé de 2 segments dont le dernier petit, semilunaire.

Xantholinus atratus, Heer, Faun. Helv., 1, 246, 7 (partim). — Kraatz, Ins. Deut. II, 636, 5 (partim). — Thomson, Skand. Col. II, 190, 3; IX, 177, 3.

Patrie. Cette espèce, qui est très-rare, se trouve dans les nids de la *Formica rufa* ou dans leur voisinage, au mont Pilat et dans les montagnes d'Izeron. Juillet, août.

Obs. Nous avons vu 3 exemplaires identiques de cette espèce qui est de la taille des plus grands *punctulatus*. Heer et Kraatz semblent

l'avoir confondue avec le *picipes,* mais Thomson l'a parfaitement re-
connue et distinguée (1).

Elle diffère du *punctulatus* par sa tête non subélargie à sa base, à
angles postérieurs plus arrondis, à espace médian lisse beaucoup plus
réduit ; par le 3ᵉ article des antennes un peu plus court, surtout relativement au 2ᵉ; par les points des séries dorsales du prothorax un
peu plus fins ; par ses élytres à peine moins longues, plus finement
ponctuées intérieurement. L'abdomen est un peu moins densement
ponctué sur les côtés. Le sommet de celui-ci, les antennes et les pieds
sont moins obscurs, etc.

Elle se distingue de l'*ochraceus* par sa taille un peu plus forte;
par sa tête moins oblongue; par ses yeux un peu plus gros; par son
prothorax paraissant à peine moins rétréci en arrière, à séries dorsales composées de points moins nombreux ; par ses élytres un peu
moins déprimées, toujours plus foncées, etc.

14. Xantholinus (Gyrohypnus) picipes, THOMSON.

*Allongé, linéaire, peu convexe, d'un noir brillant, avec les élytres d'un
brun de poix, le sommet de l'abdomen et ses intersections, les palpes, les
antennes et les pieds roussâtres. Tête subcarrée ou à peine oblongue, subarquée sur les côtés, assez fortement et assez densement ponctuée, à espace
médian lisse assez large. Le 3ᵉ article des antennes à peine oblong, à peine
plus court que le 2ᵉ. Prothorax oblong, à peine rétréci en arrière, à peine
moins large que les élytres, à crosses latérales isolées et très-nettes, à séries
dorsales composées de 5 points assez fins. Élytres à peine oblongues, à
peine plus courtes que le prothorax, assez finement et vaguement ponctuées en dedans, sérialement vers les côtés. Abdomen finement et subéparsement pointillé.*

♂ *Le 6ᵉ segment abdominal et le 6ᵉ arceau ventral subtronqués ou à*

____

(1) Le seul exemplaire, qui nous ait été communiqué de Suisse, était
un *punctulatus.*

peine arrondis à leur bord apical : *celui de l'armure* fendu et imbriqué
sur sa ligne médiane.

♀ *Le 6ᵉ segment abdominal* et *le 6ᵉ arceau ventral* subarrondis à leur
bord apical : *celui de l'armure* peu saillant, entier, étroitement arrondi
au sommet.

Xantholinus punctulatus, var. confusus, Mulsant et Rey, Op. Ent., II, 71.
Xantholinus picipes, Thomson, Skand. Col. II, 190, 4 ; IX, 177, 4.

Variété a. Élytres et *base de l'abdomen* rousses.

Long. 0,0057 (2 l. 1/2). — Larg. 0,0007 (1/3 l.).

Patrie. Cette espèce, assez rare, habite en compagnie de la *Formica
fuliginosa* dans les troncs caverneux des arbres, sur divers points de la
France : les montagnes du Lyonnais, le Beaujolais, le Bourbonnais, le
Bugey, les Alpes, etc.

Obs. Comme elle ressemble infiniment à la précédente, il suffira d'en
faire ressortir les principales différences. Elle est d'une taille moindre
et les élytres sont toujours d'une couleur moins foncée. La tête, un
peu moins large, est un peu plus convexe, un peu moins fortement et
un peu moins densement ponctuée, à intervalle médian lisse plus
grand, à côtés faiblement arqués derrière les yeux au lieu d'être subrectilignes. Les élytres sont un peu plus courtes, souvent d'un roux de
poix, à intervalle des points quelquefois obsolètement ruguleux. L'abdomen, plus largement roussâtre au sommet, présente aussi ses intersections finement de cette même couleur, tant en dessus qu'en dessous, etc.

Le X. *picipes* diffère du *punctulatus* par sa taille moindre, par sa tête
non subélargie à sa base et angles postérieurs plus arrondis, par ses
élytres un peu plus courtes, par ses antennes et ses pieds moins
obscurs, ainsi que le sommet de l'abdomen, etc. Il est un peu plus
petit que l'*ochraceus*, à tête moins oblongue, à espace médian lisse
moins réduit, à points des séries dorsales du prothorax moins nombreux.

Bien que très-voisins les uns des autres, les X. *punctulatus, ochraceus, atratus* et *picipes* diffèrent autant entr'eux que les *tricolor, cribripennis* et *distans.*

Le *X. picipes* varie pour la couleur. Les élytres sont souvent rousses, ainsi que parfois le 1er segment de l'abdomen et assez largement le sommet des suivants. Le 1er article des antennes est quelquefois rembruni. Les côtés de la tête sont parfois mats et finement chagrinés derrière les yeux.

Genre *Nudobius*, Nudobie ; Thomson.

Thomson, Skand. Col. II, 188.

Étymologie : νὐ, avec doute ; δόω, je donne ; ϐίος, vie.

Caractères. — *Corps* plus ou moins allongé, étroit, linéaire, subdéprimé, ailé.

Tête grande, saillante, oblongue ou suboblongue, bissillonnée en avant (1); portée sur un col étroit, subglobuleux, moins large que la moitié du vertex. *Tempes* non rebordées sur les côtés, fortement contiguës en dessous, au moins dans leurs deux tiers postérieurs. *Epistome* profondément sinué de chaque côté, avec le lobe médian assez étroit, subtronqué au bout. *Labre* étroit, transverse, sinué en avant. *Mandibules* médiocres, robustes, plus ou moins unidentées ou angulées dans le milieu de leur tranche interne, sillonnées en dehors sur la majeure partie de leur longueur, subarquées, croisées au repos. *Palpes maxillaires* assez développés, à 1er article petit : les 2e et 3e oblongs, obconiques : le 3e un peu ou à peine moins long que le 2e : le dernier conique, parfois subémoussé, aussi long ou à peine plus long que le pénultième. *Palpes labiaux* courts, à 2e article oblong, plus long que le 1er : le dernier plus étroit, conique ou conico-fusiforme, subégal au 2e. *Menton* grand, court, subéchancré au sommet.

Yeux petits, subarrondis, peu saillants, situés loin du prothorax.

Antennes courtes, sensiblement coudées, subépaissies; à 1er article allongé, en massue arquée, subégal au moins aux 3 suivants réunis : les 2e et 3e obconiques, à peine oblongs : le 3e à peine plus long que le

(1) Les sillons juxta-oculaires sont nuls ou très-obsolètes.

2e : les 4e à 10e transverses, non contigus : le dernier subovalaire, mousse ou obtusément acuminé au sommet.

Prothorax oblong, subrétréci en arrière où il est un peu moins large que les élytres; obliquement tronqué de chaque côté à son sommet; subarrondi à sa base; très-finement rebordé sur celle-ci et sur les côtés, avec le rebord de ceux-ci s'infléchissant brusquement pour aller rencontrer en dessous le bord interne du repli bien avant les angles antérieurs, en laissant la longue *soie latérale* isolée; marqué sur le dos de 2 séries de points enfoncés. *Repli* médiocre, incliné, bien visible vu de côté.

Écusson grand ou assez grand, subogival, plus ou moins arrondi au sommet.

Élytres oblongues ou suboblongues; largement et obtusément tronquées au sommet; arrondies à leur angle postéro-externe; subrectilignes sur les côtés; à peine rebordées le long de la suture qui s'imbrique intérieurement. *Repli* assez étroit, peu retourné en dessous, subparallèle. *Épaules* légèrement saillantes.

Prosternum sensiblement développé au-devant des hanches antérieures; offrant entre celles-ci une espèce d'accolade à pointe prononcée et parfois relevée, suivie d'un plan incliné de même forme et caréné sur son milieu; largement échancré en avant pour recevoir la *pièce antésternale :* celle-ci assez grande, à suture médiane assez saillante, à diamètre antéro-postérieur un peu moins long que la moitié du diamètre transversal. *Mésosternum* un peu prolongé au-devant des hanches intermédiaires, subangulairement échancré en avant; à *lame médiane* subconvexe, triangulaire, prolongée environ jusqu'au tiers des hanches intermédiaires et émettant un petit intermède. *Médiépisternums* assez grands, séparés du mésosternum par une très-fine suture oblique. *Médiépimères* refoulées, plus ou moins réduites. *Métasternum* court, échancré pour l'insertion des hanches postérieures; prolongé entre celles-ci en un lobe très-court, tronqué ou à peine échancré; fortement avancé en dos d'âne, entre les intermédiaires, jusqu'à la rencontre de l'intermède. *Postépisternums* étroits, plus ou moins refoulés à leur base, divergeant un peu en arrière du repli des élytres. *Postépimères* petites, cunéiformes.

Abdomen allongé, subparallèle, parfois atténué tout à fait au sommet ; assez fortement rebordé sur les côtés ; à 4 premiers segments subégaux : le 5e plus grand, largement tronqué ou à peine échancré et muni à son bord apical d'une très-fine membrane pâle : le 6e large, saillant, subrétractile : celui de l'armure plus ou moins apparent. *Ventre* à 4 premiers arceaux subégaux et le 5e plus grand : le 6e large, plus ou moins saillant, subrétractile.

Hanches antérieures grandes, environ de la longueur des cuisses, saillantes, coniques, plus ou moins rapprochées ou subcontiguës. *Les intermédiaires* grandes, ovales-oblongues, peu saillantes, subparallèles et plus ou moins écartées intérieurement. *Les postérieures* médiocres, rapprochées à leur base, divergentes au sommet ; à *lame supérieure* en cône court et étranglé dans son milieu ; à *lame inférieure* nulle ou enfouie.

Pieds courts, assez robustes. *Trochanters* assez petits, subcunéiformes. *Cuisses* subcomprimées, subélargies vers leur milieu. *Tibias* graduellement épaissis de la base au sommet, plus ou moins épineux, munis au bout de leur tranche inférieure de 2 forts éperons, dont l'interne plus long ; les *antérieurs* plus courts, plus épais, obliquement coupés et brièvement ciliés au sommet de leur face intérieure, à éperon interne plus robuste. *Tarses antérieurs* assez courts, à 1er article paraissant un peu plus court que le 2e : celui-ci et les 3e et 4e subtriangulaires, graduellement plus courts ; les *intermédiaires* et *postérieurs* grêles, plus développés, à 1er et 2e articles suballongés : le 1er paraissant parfois à peine plus court que le 2e : celui-ci et les 3e et 4e graduellement moins longs : le dernier allongé, en massue grêle, plus long que les 2 précédents réunis. *Ongles* petits, grêles, subarqués.

Obs. Les espèces de ce genre vivent sous les écorces. Leur démarche est lente et tortueuse.

Nous admettons cette coupe générique créée par Thomson, en lui adjoignant quelques autres caractères. Quoique bien voisine des *Xantholinus*, elle en diffère par la soie latérale du prothorax éloignée du rebord qui s'infléchit pour aller rejoindre le bord interne du repli bien avant les angles antérieurs ; par la structure des tarses intermédiaires et postérieurs, qui commence à rappeler un peu celle du genre *Metoponcus*, etc.

Nous ne connaissons que deux espèces françaises rentrant dans le genre *Nudobius*.

a. *Prothorax* rouge. *Élytres* d'un noir de poix, à sommet testacé. *Abdomen* roux à son extrémité. *Tête* oblongue.............. *collaris*.
aa. *Prothorax* noir. *Élytres* d'un roux subtestacé. *Abdomen* concolore en dessus. *Tête* suboblongue...................... *lentus*.

1. Nudobius collaris, ERICHSON.

Allongé, étroit, linéaire, subdéprimé, d'un noir brillant, avec le prothorax rouge, le sommet des élytres testacé, les antennes d'un roux obscur, les palpes, les pieds et l'extrémité de l'abdomen d'un roux plus clair. Tête oblongue, parallèle, très-éparsement et finement pointillée, en outre fortement et éparsement ponctuée sur les côtés. Prothorax oblong, subsinueusement subrétréci en arrière, un peu moins large à sa base que les élytres, très-finement et éparsement pointillé, à crosses latérales isolées, assez nettes, à séries dorsales de 6 ou 7 points fins. Élytres oblongues, de la longueur du prothorax, médiocrement et subsérialement ponctuées. Abdomen finement et éparsement pointillé.

♂ *Le 6ᵉ arceau ventral* profondément et subogivalement échancré au sommet : *celui de l'armure* plus ou moins saillant, largement replié sur les côtés, étroitement arrondi au bout.

♀ *Le 6ᵉ arceau ventral* à peine ou largement arrondi au sommet : *celui de l'armure* peu saillant, arrondi au bout.

Xantholinus collaris, ERICHSON, Col. March., I, 424, 3 ; — Gen. et Spec. Staph., 324, 37. — REDTENBACHER, Faun. Austr., 824. — FAIRMAIRE et LABOULBÈNE, Faun. Ent. Fr., I, 501, 4. — KRAATZ, Ins. Deut., II, 644, 16. — BAUDI, Berl. Ent. Zeit., 1869, 388. — FAUVEL, Faun. Gallo-Rhén., III, 383, 1.
Xantholinus ruficollis, LUCAS, Expl. Alg. Ent., 107, pl. 12, fig, 1.

Long. 0,0080 (3 l. 2/3). — Larg. 0,0011 (1/2 l.)

Corps allongé, étroit, linéaire, subdéprimé, d'un noir brillant, avec le prothorax et l'extrémité de l'abdomen rouges et le sommet des élytres testacé; à peine pubescent sur celles-ci et l'abdomen.

Tête oblongue, parallèle, à peine plus large que le sommet du prothorax; éparsement sétosellée; à peine pubescente sur les tempes; finement et très-éparsement pointillée; marquée en outre sur les côtés de gros points épars, souvent oblongs, parfois plus serrés et subombiliqués vers le bord postéro-interne des yeux; d'un noir brillant. *Front* très-large, faiblement convexe. *Cou* subconvexe, rugueux en avant. *Epistome* assez étroit. *Labre* roux, sétosellé en avant. *Mandibules* noires. *Palpes* roux.

Yeux subarrondis, obscurs, souvent tachés de livide.

Antennes courtes, de la longueur de la tête ou à peine plus longues; subépaissies; finement duveteuses; éparsement pilosellées vers leur base; d'un roux obscur, avec le sommet du dernier article parfois plus clair; le 1ᵉʳ en massue allongée et arquée, égal au moins aux 3 suivants réunis : le 2ᵉ à peine oblong, subglobuleux : le 3ᵉ à peine oblong, obconique, à peine plus long que le 2ᵉ : les suivants graduellement un peu plus épais : les 4ᵉ et 5ᵉ fortement, les 6ᵉ à 10ᵉ plus fortement transverses : le dernier ovalaire, presque mousse au sommet.

Prothorax oblong, subsinueusement subrétréci en arrière où il est un peu ou à peine moins large que les élytres; obliquement tronqué de chaque côté à son sommet, avec les angles antérieurs subinfléchis, presque droits et à peine émoussés; à peine arrondi à sa base; à angles postérieurs très-obtus et arrondis; peu convexe; éparsement sétosellé, avec la longue soie latérale située sur la marge mais loin du rebord qui retourne en dessous; à peine chagriné et en outre très-finement et éparsement pointillé; d'un rouge brillant; à séries dorsales composées de 6 ou 7 points assez fins, les latérales de 6 à 8 points à peine moins fins et disposés en crosse assez nette et isolée. *Repli* subconcave et d'un roux testacé dans sa partie postérieure qui est séparée de l'antérieure par le rebord latéral.

Ecusson à peine concave, finement chagriné, d'un noir peu brillant, bissétosellé.

Élytres oblongues, de la longueur du prothorax, un peu plus larges en arrière qu'en avant; subdéprimées; médiocrement, peu densement et subsérialement ponctuées, avec le repli plus finement et plus densement; d'un noir de poix brillant, avec l'extrémité plus ou moins testacée; à pubescence blonde, courte, subredressée, éparse et peu distincte, avec quelques soies plus obscures, dont 3 beaucoup plus longues : 1 sur les épaules, 1 après le 1er tiers près de la suture, 1 vers l'écusson. *Épaules* à calus assez saillant, lisse.

Abdomen allongé, moins large que les élytres, subparallèle; subconvexe; éparsement et longuement sétosellé, avec une légère pubescence blonde, couchée, éparse et peu distincte; finement et éparsement pointillé, parfois à peine chagriné dans les intervalles; d'un noir brillant, avec l'extrémité du 5e segment et les suivants entièrement d'un roux plus ou moins vif.

Dessous du corps légèrement pubescent, éparsement ponctué, d'un noir brillant, avec l'antépectus roux et l'extrémité du ventre largement d'un roux plus vif. *Métasternum* subdéprimé ou à peine convexe; finement et obsolètement canaliculé sur sa ligne médiane. *Ventre* convexe, fortement sétosellé, parsemé d'une légère pubescence blonde.

Pieds légèrement pubescents, éparsement ponctués, d'un roux parfois subtestacé, avec les hanches postérieures, et plus rarement les intermédiaires, rembrunies. *Tibias antérieurs* transversalement ciliésstriés vers le sommet de leur face interne.

Patrie. On prend cette jolie espèce sous les écorces des chênes et des pins, dans les Landes, les Basses-Alpes, la Provence, etc. Elle est assez rare.

Obs. M. Perris (Ann. Soc. Ent. Fr., 1854, 566, pl. 17, fig. 26-36) a fait connaître les métamorphoses de cet insecte, dont la larve vit dans les galeries du *Tomicus* (Bostrichus) *stenographus*, où elle se nourrit des larves et des excréments de ce xylophage.

Le *Nudobius collaris* est remarquable, entre tous les *Xantholiniens*, par l'échancrure profonde du 6e arceau ventral des ♂.

2. **Nudobius lentus**, Gravenhorst.

Allongé, étroit, linéaire, subdéprimé, d'un noir brillant, avec les élytres, les palpes, les antennes et les pieds d'un roux subtestacé. Tête suboblongue, subparallèle, très-éparsement et finement pointillée, en outre fortement et éparsement ponctuée sur les côtés. Prothorax oblong, subsinueusement subrétréci en arrière, un peu moins large à sa base que les élytres; très-finement et éparsement pointillé, à crosses latérales isolées et assez nettes, les dorsales de 8 points fins. Élytres oblongues, à peine plus longues que le prothorax, assez finement et vaguement ponctuées. Abdomen finement et subéparsement pointillé.

♂ *Le 6ᵉ segment abdominal* subtronqué à son bord apical : *celui de l'armure* longitudinalement imbriqué. *Le 6ᵉ arceau ventral* subtronqué à son bord postérieur : *celui de l'armure* replié sur les côtés, étroitement arrondi au sommet.

♀ *Le 6ᵉ segment abdominal* à peine arrondi à son bord apical : *celui de l'armure* composé de 2 segments, dont le dernier conique. *Le 6ᵉ arceau ventral* arrondi à son bord postérieur : *celui de l'armure* peu saillant, en cône arrondi au sommet.

Staphylinus lentus, Gravenhorst, Mon, 101, 101. — Gyllenhal, Ins., Suec. II, 354, 69.
Gyrohypnus lentus, Mannerheim, Brach. 33, 6. — Nordmann, Symb. 118, 10.
Staphylinus glaber, var, 1, Gravenhorst, Mon. 100, 99.
Staphylinus tricolor, var 6, Paykull, Faun. Suec. III, 378, 15.
Xantholinus lentus, Zetterstedt, Faun. Lapp. I, 80, 2. — Insp. Lapp. 66, 3. — Erichson, Col. March. I, 426, 5 ; Gen. et Spec. Staph. 325, 41. — Redtenbacher, Faun. Austr. 824. — Heer, Faun. Helv. I, 245, 3. — Fairmaire et Laboulbène, Faun. Ent. Fr. I, 501, 6. — Kraatz, Ins. Deut. II, 644, 15. — Fauvel, Faun. Gallo-Rhén. III, 384, 2.

Long. 0,0071 (3 l. 1/4). — Larg. 0,0011 (1/2 l.)

Corps allongé, étroit, linéaire, subdéprimé, d'un noir brillant, avec les élytres d'un roux subtestacé ; à peine pubescent sur celles-ci et l'abdomen.

Tête suboblongue, subparallèle, un peu plus large que le sommet du prothorax ; éparsement sétosellée ; légèrement pubescente sur les tempes ; très-éparsement et finement pointillée ; marquée en outre sur les côtés de gros points épars, subombiliqués, subarrondis, un peu plus serrés antérieurement ; d'un noir brillant. *Front* très-large, peu convexe. *Cou* subconvexe, ruguleux en avant. *Epistome* assez étroit. *Labre* brunâtre, fortement sétosellé en avant. *Mandibules* d'un noir de poix. *Palpes* d'un roux subtestacé.

Yeux subarrondis, obscurs.

Antennes courtes, à peine plus longues que la tête ; à peine épaissies ; finement duveteuses ; éparsement pilosellées vers leur base ; rousses, avec le dernier article souvent plus clair ; le 1er en massue allongée et arquée, égal au moins aux 3 suivants réunis : le 2° à peine oblong : le 3° suboblong, obconique, non ou à peine plus long que le 2° : les suivants graduellement à peine plus épais : les 4° et 5° fortement, les 6° à 10° un peu plus fortement transverses : le dernier en ovale obtusément acuminé au sommet.

Prothorax oblong, subsinueusement subrétréci en arrière où il est un peu ou à peine moins large que les élytres ; obliquement tronqué de chaque côté à son sommet, avec les angles antérieurs infléchis et subarrondis ; à peine arrondi à sa base ; à angles postérieurs obtus et arrondis ; à peine convexe ; éparsement sétosellé, avec la longue soie latérale située sur la marge mais loin du rebord qui retourne en dessous ; très-finement et éparsement pointillé ; d'un noir brillant ; à séries dorsales composées de 8 points fins, les latérales de 6 ou 7 à peine moins fins et disposés en crosse assez nette et isolée. *Repli* presque plan et d'un roux brunâtre dans sa partie postérieure, qui est séparée de l'antérieure par le rebord latéral.

Ecusson à peine concave, à peine chagriné, d'un noir peu brillant, bissétosellé.

Élytres oblongues, à peine ou non plus longues que le prothorax à peine plus larges en arrière qu'en avant ; subdéprimées ; assez finement et modérément ponctuées, vaguement en dedans, parfois subsérialement vers les côtés, avec le repli plus finement et plus densement d'un roux subtestacé brillant ; à pubescence blonde, courte, subredres sée, éparse et peu distincte, avec quelques soies plus longues et plus obscures, dont 3 notamment beaucoup plus longues : 1 sur les épaules, 1 vers le 1ᵉʳ tiers près de la suture, 1 vers l'écusson. *Epaules* à calus assez saillant, lisse.

Abdomen allongé, moins large que les élytres ; subparallèle ou atténué seulement tout à fait vers son sommet ; assez convexe ; éparsement et longuement sétosellé, avec une légère pubescence pâle sur les côtés, couchée et parfois peu distincte ; finement et subéparsement pointillé, un peu plus densement de chaque côté ; d'un noir brillant, avec le sommet rarement moins foncé.

Dessous du corps légèrement pubescent, finement ponctué, d'un noir brillant, avec l'antépectus et parfois le médipectus roussâtres, et l'exrémité du ventre d'un roux de poix. *Métasternum* presque lisse et subdéprimé sur son milieu, parfois à peine canaliculé sur sa ligne méiane. *Ventre* convexe, éparsement sétosellé, parsemé d'une légère pubescence pâle.

Pieds à peine pubescents, éparsement ponctués, d'un roux subtestacé. *Tibias antérieurs* transversalement frangés-striés vers le sommet e leur face interne.

Patrie. Cette espèce est rare. Elle se prend dans les forêts, sous s mousses et les écorces, dans l'Alsace, la Lorraine, la Savoie, les lpes, les Pyrénées, et quelquefois dans les environs de Lyon, etc. lle paraît faire la guerre à diverses espèces de *Bostrichus.*

Obs. Elle diffère du *collaris* par sa couleur, par sa tête un peu plus urte et un peu plus large, par ses élytres plus finement ponctuées. taille est moindre, etc.

M. Schioedte (Nat. Tidsskr. 1864, 201, pl. 9, fig. 18 ; pl. 10, fig. 1-7 ; . 12, fig. 2) a fait connaître la larve et les métamorphoses du *Xanlinus lentus.*

Genre *Vulda*, Vulde, Jacquelin Du Val.

Jacquelin Du Val, Gen. Staph. 31, pl. 12, fig. 56.

Étymologie inconnue.

CARACTÈRES. *Corps* allongé, étroit, linéaire, déprimé.

Tête grande, oblongue, fortement étranglée à sa base en un petit cou étroit. *Labre* étroit, profondément sinué au milieu en avant. *Mandibules* assez courtes, dentées intérieurement. *Languette* assez large, un peu arrondie en avant. *Palpes maxillaires* à 3e article subégal au 2e ; 4e plus court, un peu plus étroit, subacuminé. *Palpes labiaux* de 3 articles subégaux en longueur, le 2e obconique, le 3e étroit, subacuminé au bout. *Menton* court, transverse (1).

Antennes assez courtes, graduellement épaissies vers leur sommet, à 1er article allongé.

Pronotum allongé-oblong, plus étroit que les élytres, non rétréci en arrière, un peu arrondi à la base et au sommet, à angles antérieurs effacés, un peu atténué tout à fait en avant.

Elytres tronquées en arrière.

Abdomen linéaire, parallèle.

Hanches intermédiaires notablement distantes.

Pieds allongés et grêles. *Tibias* épineux, mais les *postérieurs* très-finement ou à peine. *Tarses* simples, les *postérieurs* à 1er article subégal au suivant.

OBS. Ce genre remarquable diffère des *Xantholinus* par la forme du prothorax, les pieds plus allongés et bien plus grêles, les tibias antérieurs non ou à peine épaissis, les postérieurs très-finement épineux, le corps déprimé, etc.

Il ne renferme qu'une seule espèce trouvée sous les écorces des oliviers.

(1) Jacquelin Du Val ne parle pas des yeux, que Fauvel donne comme atrophiés et qui sont médiocres et assez saillants.

1. **Vulda gracilipes**, Jacquelin du Val.

D'un brun noir, luisant. Tête noire ; palpes d'un roux testacé ; les 3 premiers articles des antennes d'un testacé rougeâtre, les autres d'un brun roux. Corselet d'un brun roussâtre, un peu bronzé, très-finement pointillé, offrant 2 séries dorsales mal déterminées de 9 à 10 petits points. Écusson un peu élevé au milieu à la base. Elytres d'un roux testacé, ayant un faible reflet bronzé ; de la longueur du corselet ; assez densement et assez fortement ponctuées. Abdomen brun, anus et bord apical des segments d'un roux testacé. Pattes d'un roux testacé.

Vulda gracilipes, Jacquelin du Val, Ann. Soc. Ent. Fr. 1852, 698 ; Gen. Staph. pl. 12, fig. 56.— Fairmaire et Laboulbène, Faun. Ent. Fr. I, 499, 1. — Fauvel, Faun. Gallo-Rhén. III, 5e livr. suppl. 44, 5.

Long. 8 à 9 1/2 millim.

Patrie. Marseille (Reiche), dans les marais ; Nice, sous l'écorce des oliviers (Linder), très-rare.

Obs. Nous n'avons pas vu cette espèce en nature. Nous avons rapporté la description de MM. Fairmaire et Laboulbène.

Genre *Metoponcus*, Métoponque ; Kraatz.

Kraatz, Ins. Deut. II, 651. — Zeteotomus, *Jacquelin Du Val,* Gen. Staph. 33.

Étymologie : μέτωπον, front ; ὄγκος, saillie.

Caractères. *Corps* très-allongé, étroit, linéaire, subconvexe, ailé. *Tête* très-grande, saillante, en carré long, bissillonnée en avant ; portée sur un col très-étroit, subglobuleux, ponctiforme. *Tempes* distinctement rebordées sur les côtés, fortement contiguës en dessous dans presque toute leur longueur. *Epistome* profondément sinué de chaque côté, avec le lobe médian, étroit longitudinalement canaliculé et les bords du canal relevés en carène. *Labre* court, angulairement entaillé en avant. *Mandibules* saillantes, assez robustes, grossièrement angulées intérieurement, finement silonnées en dehors, subarquées, croiseés au repos. *Palpes maxillaires* assez développés, à 1er article court, le 2e plus long, obconique : le 3e allongé, en massue obconique, beaucoup plus long que le 2e : le dernier bien plus court et plus étroit, subulé. *Palpes labiaux* courts, à 2e article suballongé, une fois plus long que le 1er : le dernier petit, grêle, subulé. *Menton* grand, transverse, largement tronqué ou à peine échancré au sommet.

Yeux petits, irréglièrement arrondis, non saillants, situés très-loin du prothorax.

Antennes très-courtes, fortement coudées, épaisses, subcomprimées ; à 1er article suballongé, assez fortement renflé en massue arquée, au moins aussi long que les 3 suivants réunis : le 2e assez épais, suboblong : le 3e plus court, obconique : les 4e à 10e plus ou moins fortement transverses : le dernier assez grand, turbiné.

Prothorax oblong, subrétréci en arrière, où il est à peine moins large que les élytres ; obliquement coupé de chaque côté à son sommet ; à peine arrondi à sa base ; très-finement rebordé sur celle-ci et sur les côtés avec le rebord de ceux-ci s'infléchissant assez brusquement pour aller rejoindre en dessous le bord interne du repli avant les angles antérieurs (1) ; creusé de chaque côté d'un sillon ou strie oblique. *Repli* médiocre, incliné, visible vu de côté.

Ecusson grand, subogival.

Elytres oblongues, largement tronquées au sommet, déhiscentes à l'angle sutural ; subarrondies à leur angle postéro-externe ; rectilignes sur les côtés ; non rebordées sur la suture qui s'imbrique. fortement suivant une ligne droite dans ses deux premiers tiers. *Repli* étroit, un peu retourné en dessous, subparallèle. *Epaules* faiblement saillantes.

Prosternum assez fortement développé au devant des hanches antérieures ; offrant entre celles-ci une carène assez courte, comprimée en forme de lame verticale et tranchante, arquée sur sa tranche et prolongée environ jusqu'au quart des hanches ; largement échancré en avant pour recevoir la *pièce antésternale* : celle-ci grande, à suture

---

(1) Ce rebord, après avoir abandonné la marge, reparaît un peu vers le sommet de celle-ci.

.édiane très-fine ou obsolète, à diamètre antéro-postérieur subégal à moitié du diamètre transversal, avec les clavicules larges et épaisses. *ésosternum* un peu prolongé au devant des hanches intermédiaires, .hancré en avant; à lame médiane courte, convexe, en angle assez gu et prolongé à peine jusqu'au quart des hanches. *Médiépisternums* .sez grands, séparés du mésosternum par une arête très-oblique. *Mé-épimères* très-étroites, refoulées. *Métasternum* médiocre, fortement .hancré pour l'insertion des hanches postérieures; formant entre .lles-ci un angle court et obtusément tronqué; avancé entre les .termédiaires en angle très-aigu jusqu'au quart de leur longueur. .stépisternums* étroits, refoulés à leur base, à bord interne divergeant .1 peu du repli des élytres. *Postépimères* très-petites, cunéiformes.

Abdomen très-allongé, subparallèle ou subélargi en arrière; forte-ent rebordé sur les côtés; à 4 premiers segments subégaux: le 5e plus .and, largement tronqué à son bord apical qui est subpellucide: le .large, saillant, subrétractile: celui de l'armure caché ou parfois .parent. *Ventre* à 4 premiers segments subégaux: le 5e un peu .us grand : le 6e assez large, saillant, subrétractile.

Hanches antérieures grandes, de la longueur des cuisses, saillantes, .niques, rapprochées ou subcontiguës. *Les intermédiaires* grandes, .ales-oblongues, peu saillantes, rapprochées ou subcontiguës. *Les .stérieures* peu développées, rapprochées à leur base, divergentes au .mmet; à *lame supérieure* en forme de noix conique, oblongue, .bétranglée après son milieu; à *lame inférieure* nulle ou enfouie. *Pieds* très-courts, *Trochanters antérieurs* et *intermédiaires* petits, en .rme de virgule; *les postérieurs* à peine plus grands, oblongs. *Cuisses* .mprimées, assez fortement élargies vers leur milieu. *Tibias* moins .1gs que les cuisses, épaissis de la base au sommet, plus ou moins .ineux, munis au bout de leur tranche inférieure de 2 éperons assez .ts; *les antérieurs* échancrés en dessous dans leur dernier tiers, à .eron interne long et robuste (1); *les postérieurs* subarqués à leur .se, à peine épineux ou simplement pubescents. *Tarses antérieurs* assez

.1) Les intermédiaires sont plus courts, plus robustes et plus épineux .e les antérieurs.

développés, simples, grêles, à 2ᵉ article oblong, plus long que ceux entre lesquels il se trouve. *Les intermédiaires* et *postérieurs* très-allongés, très-grêles, un peu plus longs que les tibias, à 1ᵉʳ article oblong : le 2ᵉ allongé, plus long que ceux entre lesquels il se trouve : les 3ᵉ et 4ᵉ oblongs, graduellement moins longs : le dernier allongé, en massue grêle, subégal aux 2 précédents réunis. *Ongles* assez grands, grêles, subarqués, subdilatés en dessous à leur base.

Obs. La seule espèce de ce genre, de taille moyenne, se rencontre sous les écorces des arbres pourris.

Cette coupe générique est une des plus tranchées par la structure de ses antennes, des tibias antérieurs et de tous les tarses. De plus, les tempes sont distinctement rebordées sur les côtés, et la forme générale du corps est plus cylindrique, plus convexe, etc.

Une seule espèce française représente ce genre.

1. Metoponcus brevicornis, Erichson.

Très-allongé, étroit, linéaire, subconvexe; presque glabre, éparsement sétosellé, d'un noir luisant, avec les palpes et les antennes d'un roux de poix, les pieds roux et les tarses testacés. Tête oblongue, à peine rétrécie en avant, un peu plus large que le prothorax, finement et modérément ponctuée avec un étroit espace lisse. Prothorax oblong, subrétréci en arrière, à peine moins large à sa base que les élytres, très-finement et éparsement ponctué, marqué sur le dos de 2 séries composées de 2 à 4 points plus gros, et sur les côtés d'un sillon subarqué. Élytres oblongues, un peu plus longues que le prothorax, très-finement, obsolètement et vaguement pointillées. Abdomen presque lisse.

♂ *Le 6ᵉ segment abdominal* largement et bissinueusement tronqué à son bord apical : *celui de l'armure* distinct, terminé en pointe brusque, mousse, parée au bout de 2 pinceaux de poils blonds, divergents.

♀ *Le 6ᵉ arceau ventral* subarrondi au sommet, *le 5ᵉ segment abdominal* plus légèrement : *celui de l'armure* enfoui.

Leptacinus brevicornis, Erichson, Gen et Spec. Staph 334, 1.— Redtenbacher, Faun. Austr. 693, 1.

Metoponcus brevicornis, Kraatz, Ins. Deut. II, 652, 1. — Fauvel, Faun.
Gallo-Rhén. III, 380, 1.

Long. 0,0071 (3 l. 1/2). — Larg. 0,0010 (1/2 l.)

Corps très-allongé, étroit, linéaire, subconvexe, presque glabre mais
parsement sétosellé, d'un noir luisant.

Tête oblongue ou même suballongée, à peine plus étroite en avant,
subreclangulée à sa base, un peu plus large que le prothorax ; éparsement et longuement sétosellée; finement et modérément ponctuée, un
peu plus densement autour des yeux, avec un étroit espace médian
lisse; entièrement d'un noir luisant. *Front* très-large, légèrement
convexe. *Cou* subglobuleux, presque lisse. *Epistome*, étroit, corné,
longitudinalement canaliculé. *Labre* d'un roux de poix, sétosellé en
avant. *Mandibules* noires. *Palpes* d'un roux de poix.

Yeux irréguliers, obscurs, parfois livides.

Antennes très-courtes, moins longues que la tête, épaissies et subcomprimées dès leur 3e article ; finement duveteuses et distinctement
sétosellées; d'un roux de poix ; à 1er article en massue suballongée et
arquée, égal au moins aux 3 suivants réunis : le 2e assez épais, sub-
long, obconique : le 3e obconique, plus court que le 2e : les suivants
graduellement plus courts et plus épais, subcomprimés : le 4e fortement, les 5e à 10e très-fortement transverses : le dernier turbiné, brusquement acuminé au sommet.

Prothorax oblong, subrétréci en arrière où il est à peine moins large
que les élytres ; obliquement coupé de chaque côté à son sommet, avec
ses angles antérieurs infléchis et largement arrondis ; à peine arrondi
à sa base, plus fortement aux angles postérieurs ; légèrement convexe ; éparsement et longuement sétosellé ; très-finement et éparsement ponctué ; marqué de chaque côté du dos d'une série longitudinale composée de 2 points plus forts et écartés ou bien de 3 ou 4
dont le postérieur plus distant; creusé sur les côtés d'un sillon subarqué, naissant vers le tiers basilaire de ceux-ci et obliquement dirigé
en avant de dehors en dedans, parfois très-finement, obsolètement et
brièvement canaliculé au-devant de l'écusson; entièrement d'un noir
luisant en dessus. *Repli* presque lisse, brunâtre.

Ecusson presque lisse, d'un noir brillant.

Elytres oblongues, un peu plus longues que le prothorax, évidemment plus larges en arrière qu'en avant ; légèrement convexes; déhiscentes en arrière à leur angle sutural ; très-finement, obsolètement et vaguement pointillées ; d'un noir luisant; finement ciliées de blond pâle à leur bord apical ; parsemées sur leur surface de longues soies obscures et redressées, dont 3 beaucoup plus longues : 1 sur les épaules, 1 après le milieu près de la suture, 1 vers l'écusson. *Epaules* à calus assez saillant, subarrondi, lisse.

Abdomen très-allongé, étroit, moins large que les élytres ; subparallèle et parfois subélargi en arrière ; subdéprimé à sa base, subconvexe postérieurement ; éparsement et longuement sétosellé, plus fortement vers son extrémité; presque lisse ou à peine chagriné; d'un noir très-brillant, avec la marge apicale des 5e et 6e segments couleur de poix.

Dessous du corps d'un noir très-brillant, avec la marge apicale des 5e et 6e arceaux du ventre couleur de poix. *Dessous de la tête* assez fortement et modérément ponctué. *Métasternum* faiblement convexe, presque lisse, distinctement sétosellé. *Ventre* subconvexe, presque lisse, longuement et éparsement sétosellé, avec une légère et courte pubescence pâle et très-écartée.

Pieds à peine pubescents, presque lisses, d'un roux brillant, avec les tarses plus clairs ou testacés. *Tibias antérieurs* densement et brièvement ciliés-frangés de fauve dans leur échancrure et à leur sommet interne. *Tarses antérieurs* assez longuement et assez densement ciliés en dessous par fascicules.

Patrie. Cette espèce, particulière à l'Autriche, se prend quelquefois dans la Lorraine, et dans l'Alsace aux environs de Mulhouse. Elle est très-rare, et elle se rencontre, en février, dans les forêts, sous les écorces des vieux arbres.

Obs. Nous en avons vu 3 exemplaires, et nous en tenons un de feu M. Mühlenbeck, de Sainte-Marie-aux-Mines (Haut-Rhin).

C'est un insecte des plus curieux sous tous les rapports, à forme plus convexe que dans tout autre *Xantholinien*.

M. Fauvel (Faun. Gallo-Rhén. III, 379) a donné avec détails la description de sa larve.

Genre *Leptacinus*, LEPTACIN; Erichson.

Erichson, Col. march., I, 429. — *Jacquelin Du Val*, Gen. Staph., 32, pl. 12, fig. 59.

Étymologie : λεπταχινός, grêle.

CARACTÈRES. *Corps* allongé, étroit, linéaire, subdéprimé, ailé.

Tête grande, saillante, oblongue ou suboblongue, subrétrécie en ιvant, 4-sillonnée entre les yeux ; portée sur un col étroit, subglobueux, beaucoup moins large que la moitié du vertex. *Tempes* non ·ebordées, mais subdéprimées sur les côtés (1), fortement contiguës en lessous dans leur dernière moitié. *Épistome* peu apparent, formant la ιointe. *Labre* étroit, transverse, sinué en avant. *Mandibules* assez ourtes, robustes, sillonnées en dehors, grossièrement unidentées en edans, recourbées et croisées au repos à leur extrémité. *Palpes maxiliires* peu développés, à 1er article très-petit : les 2e et 3e assez épais, blongs ou suboblongs, subégaux : le dernier à peine plus court, troit, subulé. *Palpes labiaux* courts, à 2e article plus long que le 1er : ι dernier, étroit, petit, subulé, atténué. *Menton* transverse, tronqué u sommet.

Yeux petits, non saillants, subarrondis, situés très-loin du proιorax.

Antennes courtes, faiblement coudées, légèrement épaissies ; à 1er arcle allongé, en massue arquée, subégal aux 3 suivants réunis : les ι et 3e assez courts, obconiques, celui-ci parfois plus court que le préιdent : les suivants, graduellement un peu plus épais, non contigus, lus ou moins transverses : le dernier courtement ovalaire, acuminé.

Prothorax oblong ou suballongé, rétréci en arrière où il est moins rge que les élytres ; obtusément angulé au sommet, subarrondi à sa ιse ; très-finement rebordé sur celle-ci et sur les côtés, avec le rebord

____

(1) Cette partie subdéprimée est subverticale, limitée supérieurement et férieurement par une arête lisse et mousse, simulant un rebord très·ιsolète.

de ceux-ci prolongé jusqu'en dessous des angles antérieurs. *Repli* assez étroit, incliné, visible vu de côté.

Écusson grand, subtriangulaire ou subogival.

Élytres oblongues ou suboblongues; largement tronquées au sommet; subarrondies à leur angle postéro-externe; rectilignes sur les côtés; obsolètement rebordées le long de la suture, qui s'imbrique en dedans du rebord. *Repli* assez étroit, peu retourné en dessous, sublinéaire. *Épaules* assez saillantes.

Prosternum sensiblement développé au devant des hanches antérieures; offrant entre celles-ci un angle large et très-ouvert, simulant une espèce d'accolade obtuse, derrière laquelle se trouve un plan incliné, de même forme, lisse, carinulé sur son milieu; assez fortement échancré en avant pour recevoir la *pièce antésternale*, dont la suture médiane est obsolète, et dont le diamètre antéro-postérieur est subégal à la moitié du diamètre transversal. *Mésosternum* un peu prolongé au-devant des hanches intermédiaires, échancré en avant; à lame médiane en forme de triangle large et à sommet émoussé, ou de large ceinture semicirculaire et émettant de son sommet une pointe mousse servant d'intermède. *Médiépisternums* médiocres, séparés du mésosternum par une fine suture oblique et subarquée. *Médiépimères* étroites, parfois très-réduites. *Métasternum* assez court, échancré pour l'insertion des hanches postérieures; prolongé entre celles-ci en un lobe très-court et mousse, parfois à peine échancré; fortement avancé en dos d'âne, entre les intermédiaires, jusqu'à l'intermède. *Postépisternums* assez étroits, plus ou moins atténués en arrière, où ils divergent plus ou moins du repli des élytres. *Postépimères* assez grandes, triangulaires ou cunéiformes.

Abdomen suballongé, subparallèle ou à peine arqué sur les côtés; fortement rebordé sur ceux-ci; à 4 premiers segments subégaux : le 5e beaucoup plus grand, largement tronqué et muni à son bord apical d'une fine membrane pâle : le 6e large, saillant, rétractile : celui de l'armure souvent distinct. *Ventre* à 4 premiers arceaux subégaux, le 5e beaucoup plus grand : le 6e large, saillant, rétractile.

Hanches antérieures grandes, de la longueur des cuisses, très-saillantes, coniques, presque parallèles et plus ou moins rapprochées ou

subcontiguës intérieurement. *Les intermédiaires* grandes, ovales-oblongues, subdéprimées, subparallèles, médiocrement distantes. *Les postérieures* médiocres, rapprochées et parfois subcontiguës à leur base, un
peu divergentes au sommet ; à *lame supérieure* en cône court et étranglé
dans son milieu ; à *lame inférieure* nulle ou enfouie.

Pieds courts, plus ou moins robustes. *Trochanters* assez petits, subcunéiformes. *Cuisses* comprimées, subélargies vers leur milieu. *Tibias*
graduellement épaissis de la base au sommet, munis au bout de leur
tranche inférieure de 2 éperons grêles, dont l'interne plus long, tous
plus ou moins épineux, au moins en dehors ; *les antérieurs* plus courts,
souvent assez brusquement dilatés, obliquement coupés au sommet.
Tarses antérieurs courts, à 4 premiers articles subdéprimés, subtriangulaires, simples ou à peine dilatés ; *les intermédiaires et postérieurs*
simples, assez grêles, un peu ou à peine moins courts, subatténués
vers leur extrémité ; à 4 premiers articles graduellement un peu plus
courts : le dernier allongé, en massue grêle, égal environ aux 3 précédents réunis. *Ongles* petits, grêles, arqués.

Obs. Cette coupe générique renferme de petits ou assez petits insectes à démarche lente, vivant parmi les fumiers et les détritus, et parfois en compagnie de fourmis.

Elle diffère du genre *Xantholin* par la structure du dernier article
des palpes maxillaires, et par le front 4-sillonné entre les antennes.
Celles-ci sont moins fortement coudées, etc.

Elle répond à un petit nombre d'espèces, dont voici les différences :

    a. *Tête* fortement et éparsement ponctuée sur les côtés.
       Séries du prothorax de 5 gros points, *les latérales* en
       crosse bien nette. *Elytres* trisérialement ponctuées.
       Taille assez petite............................... *parumpunctatus.*
  aa. *Tête* assez fortement ponctuée sur les côtés, à *sillons
       juxta-oculaires* un peu plus prolongés en arrière que
       les intermédiaires. Le 3e *article des antennes* à peine
       plus court que le 2e, obconique. *Séries dorsales* et *laté-
       rales du prothorax* de plus de 5 points fins ou assez
       fins. *Elytres* finement et vaguement ponctuées en de-
       dans, sérialement en dehors. *Taille* petite.
    b. *Tête* assez densement ponctuée sur les côtés. *Séries
       dorsales du prothorax* de 12 à 14 points fins, *les laté-*

rales confuses antérieurement. *Angle apical externe des élytres* généralement testacé. *Antennes* rousses. *batychrus.*

bb. *Téte* peu densement ponctuée sur les côtés. *Séries dorsales du prothorax* de 7 à 10 points fins, *les latérales* assez nettes. *Elytres* généralement concolores. *Antennes* d'un roux obscur, à 1ᵉʳ article parfois rembruni.. *linearis*

aaa. *Téte* finement et éparsement ponctuée sur les côtés, à *sillons juxta-oculaires* un peu moins prolongés en arrière que les intermédiaires. *Le 3ᵉ article des antennes* évidemment plus court que le 2ᵉ. *Séries dorsales du prothorax* de 8 à 10 points, *les latérales* un peu confuses antérieurement. *Elytres* finement, éparsement et vaguement ponctuées en dedans, subsérialement en dehors, testacées à leur sommet. *Antennes* courtes, testacées. *Taille* très-petite.................... *formicetorum.*

1. **Leptacinus parumpunctatus**, Gyllenhal.

Allongé, sublinéaire, subdéprimé, d'un noir luisant, avec l'angle apical des élytres d'un testacé pâle, les antennes d'un roux de poix, les palpes et les pieds d'un roux testacé. Téte suboblongue, subrétrécie en avant, fortement et éparsement ponctuée sur les côtés. Prothorax oblong, rétréci en arrière, un peu moins large que les élytres, à séries dorsales et latérales composées de 5 gros points. Élytres suboblongues, de la longueur du prothorax, assez finement et trisérialement ponctuées. Abdomen finement et éparsement ponctué.

♂ *Le 6ᵉ arceau ventral* largement, faiblement et subangulairement échancré au sommet : *celui de l'armure* assez saillant, longitudinalement fendu, subimbriqué ou parfois déhiscent.

♀ *Le 6ᵉ arceau ventral* subarrondi au sommet : *celui de l'armure* peu saillant, simple.

Staphylinus parumpunctatus, Gyllenhal, Ins. Suec., IV, 481, 67-68. — Sahlberg, Ins. Fenn. I, 333, 66.

Xantholinus parumpunctatus, Boisduval et Lacordaire, Faun. Ent. Par. I, 415, 5.

Gyrohypnus parumpunctatus, Mannerheim, Brach. 33,5. — Runde, Brach. Hal. 11, 5. — Nordmann, Symb. 117, 9.

Leptacinus parumpunctatus, Erichson, Gen. et Spec. Staph., 335, 3.— Redtenbacher, Faun. Austr., 693, 2. — Fairmaire et Laboulbène, Faun. Ent. Fr. I, 503, 1.—Kraatz, Ins. Deut. II, 648, 1.—Thomson, Skand. Col. II, 193, 1. — Fauvel, Faun. Gallo-Rhén. III, 374, 1.

Leptacinus ampliventris, Jacquelin Du Val, Ann. Soc. Ent. Fr., 1854, XXXVII. — Fairmaire et Laboulbène, Faun. Ent. Fr. I, 503, 2.

Long. 0,0058 (2 l. 2/3). — Larg. 0,00075 (1/3 l.).

Corps allongé, sublinéaire, subdéprimé, d'un noir luisant, avec l'angle apical des élytres plus ou moins largement d'un testacé pâle; à peine pubescent sur celles-ci et l'abdomen.

Tête suboblongue, subrétrécie en avant, de la largeur du sommet du prothorax; distinctement sétosellée; fortement et éparsement ponctuée sur les côtés, à peine plus densement derrière les yeux, à points subombiliqués et souvent suboblongs; d'un noir luisant. *Front* trèslarge, peu convexe, à sillons antérieurs bien prononcés, les latéraux plus prolongés en arrière. *Cou* subconvexe, presque lisse. *Épistome* étroit, en pointe mousse. *Labre* d'un roux de poix, sétosellé en avant. *Mandibules* noires. *Palpes* d'un roux testacé.

Yeux subarrondis, plus ou moins obscurs.

Antennes courtes, un peu plus longues que la tête, à peine épaissies; très-finement duveteuses; à peine pilosellées, plus distinctement vers leur base; d'un roux obscur, avec le 1er article généralement plus clair: celui-ci en massue allongée et arquée, égal au moins aux 3 suivants réunis: les 2e et 3e assez courts, obconiques: le 3e à peine plus court que le 2e: les suivants graduellement à peine plus épais, transverses, avec les pénultièmes plus fortement: le dernier courtement ovalaire, brusquement acuminé au sommet.

Prothorax oblong, rétréci en arrière où il est un peu moins large que les élytres; obtusément angulé à son sommet, avec les angles antérieurs infléchis et arrondis; subsinué en arrière sur ses côtés, vus latéralement; subarrondi à sa base; à angles postérieurs obtus; peu convexe; distinctement sétosellé, avec la longue soie latérale située sur le rebord même; d'un noir luisant, presque lisse; à séries dorsales composées de 5 gros points dont les 2 antérieurs souvent plus écartés des 3 autres, et les 2 postérieurs plus rapprochés entre eux; à séries latérales de 5 points aussi gros, parfois subombiliqués, en crosse bien nette. *Repli* presque lisse, brun.

Écusson à peine concave, lisse, d'un noir brillant, bissétosellé.

Élytres suboblongues, de la longueur du prothorax, un peu plus larges en arrière qu'en avant; subdéprimées; brièvement déhiscentes vers leur angle sutural qui est subarrondi; parées sur leur disque de 3 séries longitudinales de points : la 1re à points fins, le long de la suture, la 2e à points assez fins et nombreux, près des côtés, la 3e à points semblables mais moins serrés, sur les côtés, avec quelques rares points épars dans les intervalles et 1 série de petits points sur le repli; d'un noir de poix brillant, devenant graduellement roux ou même d'un testacé pâle à l'angle apical externe ; parsemées d'une légère pubescence pâle, subredressée et à peine distincte, avec quelques soies plus longues et plus obscures, dont 3 notamment plus longues : 1 sur les épaules, 1 vers le milieu, près de la suture, et 1 autre vers l'écusson. *Épaules* à calus assez saillant, presque lisse.

Abdomen ordinairement peu allongé, un peu ou à peine moins large que les élytres; subparallèle ou à peine arqué sur les côtés, rarement subélargi en arrière; assez convexe postérieurement; fortement sétosellé; finement et éparsement ponctué; d'un noir luisant, avec une légère pubescence blonde, peu distincte, sur les côtés du dos. *Le 6e segment* subtronqué ou à peine arrondi au sommet.

Dessous du corps à peine pubescent, éparsement ponctué, d'un noir brillant, avec l'extrémité du ventre d'un roux de poix. *Dessous de la tête* fortement et éparsement ou subsérialement ponctué. *Mésosternum* en croissant, étroitement lobé au sommet. *Métasternum* sétosellé, à peine convexe, finement canaliculé sur sa ligne médiane. *Ventre* légèrement convexe, éparsement sétosellé.

Pieds à peine pubescents, éparsement ponctués, roux, avec les tarses plus clairs. *Tibias antérieurs* obliquement bistriés-frangés à leur sommet interne.

Patrie. On trouve cette espèce, assez communément, sur différents points de la France, dès le printemps, sous les détritus et dans les fumiers, jusque dans les basses-cours et les étables.

Obs. Chez les immatures, les élytres sont parfois presque entièrement rousses ou d'un testacé pâle ; chez les adultes, elles sont presque entièrement noires, subconcolores (*ampliventris* Jacquelin Du Val, *breviventer*, Sperk. ?). Cette dernière variété est principalement méridionale.

On doit sans doute rapporter au *parumpunctatus* les *radiosus* de Peyron (Ann. Soc. Ent. Fr. 1858, 421), et *amissus* de Coquebert (Ann. Soc. Ent. Fr. 1860, 158), et peut-être aussi le *longicollis* de Stephens (Ill. Br. V, 259).

2. **Leptacinus batychrus**, GYLLENHAL.

Allongé, étroit, linéaire, subdéprimé, d'un noir brillant, avec l'angle apical des élytres d'un testacé pâle, les antennes d'un roux brunâtre, la base de celles-ci, les palpes et les pieds d'un roux de poix. Tête oblongue, rétrécie en avant, assez fortement et assez densement ponctuée sur les côtés. Prothorax oblong, rétréci en arrière, un peu moins large que les élytres, à séries dorsales et latérales composées de 10 à 14 points fins, celles-ci à crosse confuse antérieurement. Elytres oblongues, de la longueur du prothorax, finement et vaguement ponctuées en dedans, sérialement en dehors. Abdomen finement et subéparsement pointillé.

♂ *Le 6e arceau ventral* largement, assez profondément et subcirculairement échancré à son sommet, avec l'échancrure finement crénée-pointillée le long de sa marge apicale (1) : *celui de l'armure* saillant, imbriqué et parfois déhiscent dans son milieu.

♀ *Le 6e arceau ventral* subarrondi à son bord apical : *celui de l'armure* peu saillant, étroitement arrondi au sommet.

Staphylinus batychrus, GYLLENHAL, Ins. Suec., IV, 480, 67-68. — SAHLBERG, Ins. Fenn., I, 332, 65.
Gyrohypnus batychrus, MANNERHEIM, Brach., 33, 3. — RUNDE, Brach. Hal., II, 3. — NORDMANN, Symb., 117, 8.
Xantholinus episcopalis, BOISDUVAL et LACORDAIRE, Faun. Ent.. Par., I, 416, 7.

(1) Cette marge apicale parait souvent comme bordée d'une très-fine membrane, peu distincte.

Leptacinus batychrus, Erichson, Col. March., I, 429, 1. — Gen. et Spec. Staph., 335, 4. — Redtenbacher, Faun. Austr., 693, 2. — Heer, Faun. Helv., I, 243, 1. — Fairmaire et Laboulbène, Faun. Ent. Fr., I, 503, 3. — Kraatz, Ins. Deut., II, 649, 2. — Jacquelin du Val, Gen. Staph., pl. 12, fig. 59. — Thomson, Skand. Col., II, 193, 2. — Fauvel, Faun. Gallo-Rhén., III, 375, 2.

Long. 0,0054 (2 l. 1/2). — Larg. 0,00055 (1/4 l.)

Corps allongé, étroit, linéaire, subdéprimé, d'un noir brillant, avec l'angle apical des élytres plus ou moins largement d'un testacé pâle; éparsement pubescent sur celles-ci et l'abdomen.

Tête oblongue, rétrécie en avant, de la largeur du prothorax; éparsement sétosellée, avec quelques poils blonds sur les tempes; assez fortement et assez densement ponctuée sur les côtés, un peu moins densement en arrière, à points arrondis, à intervalles parfois obsolètement chagrinés, à espace médian lisse assez étroit; d'un noir brillant. *Front* très-large, faiblement convexe, à sillons antérieurs assez fins; les latéraux à peine plus prolongés en arrière. *Cou* subglobuleux, presque lisse (1). *Épistome* étroit, en pointe. *Labre* roux, sétosellé en avant. *Mandibules* obscures. *Palpes* d'un roux de poix, avec le dernier article plus pâle.

Yeux subarrondis, obscurs.

Antennes courtes, à peine plus longues que la tête; subfiliformes ou à peine épaissies; très-finement duveteuses; à peine pilosellées vers leur base; d'un roux plus ou moins foncé, avec leur base souvent plus claire; à 1er article en massue allongée et arquée, au moins égal aux 3 suivants réunis : les 2e et 3e assez courts, obconiques : le 3e à peine plus court que le 2e : le 4e médiocrement, le 5e fortement, les 6e à 10e, un peu plus fortement transverses : le dernier courtement ovalaire, acuminé au sommet.

Prothorax oblong, rétreci en arrière où il est un peu moins large que les élytres; obtusément angulé au sommet, avec les angles anté-

---

(1) Quand le cou est bien tendu et presque désarticulé, on aperçoit de chaque côté un point enfoncé assez fort et terminant une strie oblique, plus ou moins voilée. Cela s'observe dans la plupart des espèces, même des autres genres.

rieurs infléchis, obtus et subarrondis ; à peine subsinué en arrière sur ses côtés, vus latéralement ; subarrondi à sa base ; à angles postérieurs obtus ; peu convexe ; distinctement sétosellé, avec la longue soie latérale située sur le rebord même ; d'un noir très-brillant, lisse ; à séries dorsales composées de 10 à 14 points fins et serrés, les latérales, environ d'un même nombre de points disposés en crosse confuse antérieurement. *Repli* presque lisse, d'un brun parfois roussâtre.

Ecusson presque lisse, d'un noir brillant, bissétosellé.

Elytres oblongues, de la longueur du prothorax, à peine plus larges en arrière qu'en avant ; subdéprimées ; brièvement déhiscentes à l'angle sutural qui est arrondi ; finement et vaguement ponctuées intérieurement, bissérialement sur les côtés, avec le repli plus finement et subsérialement pointillé ; d'un noir de poix brillant avec l'angle apical externe plus ou moins largement d'un testacé pâle ; parées d'une légère pubescence blonde, semi-redressée et sérialement disposée, avec quelques soies plus longues et plus obscures, dont 3 beaucoup plus longues : 1 sur les épaules, 1 après le 1er tiers, près de la suture, et 1 vers l'écusson. *Epaules* à calus assez saillant, lisse, subarrondi.

Abdomen plus ou moins allongé, un peu moins large que les élytres ; subparallèle ou à peine arqué sur les côtés ; subconvexe ; éparsement sétosellé ; finement et subéparsement pointillé, un peu plus lisse sur le dos ; d'un noir brillant, avec le sommet souvent couleur de poix ; parsemé sur les côtés d'une légère pubescence blonde, peu distincte. *Le 6e segment* subtronqué ou à peine arrondi au sommet.

Dessous du corps à peine pubescent, subéparsement pointillé, d'un noir brillant, avec l'extrémité du ventre d'un roux parfois testacé. *Dessous de la tête* assez fortement et modérément ponctué. *Mésosternum* triangulaire, à sommet obtusément lobé. *Métasternum* pileux, subconvexe, canaliculé sur sa ligne médiane. *Ventre* subconvexe, éparsement sétosellé.

Pieds légèrement pubescents, éparsement pointillés, d'un roux de poix avec les tarses plus clairs. *Tibias antérieurs* obliquement bistriés-frangés à leur sommet interne.

Patrie. Cette espèce est très-commune dans presque toute la France, sous les détritus, dans le terreau et les fumiers, etc.

Obs. Elle diffère du *parumpunctatus* par sa taille un peu moindre et surtout par sa forme plus étroite. La tête, un peu plus oblongue, est moins fortement mais plus densement ponctuée sur les côtés. Les points des séries du prothorax sont plus fins et plus nombreux, avec les crosses latérales moins nettes, confuses antérieurement. Les élytres, un peu moins larges en arrière, sont plus finement ponctuées, plus vaguement en dedans. L'abdomen paraît un peu moins lâchement ponctué, surtout sur les côtés.

Les élytres, rarement concolores, sont souvent d'un roux de poix subtestacé, avec leur base rembrunie.

Peut-être doit-on réunir au *batychrus* le *diaphanus* de Marsham (Ent. Brit., 514) et les *apicalis*, *semistriatus* et *quadrisulcus* de Stephens (Ill. Brit., V, 260, 262 et 264), ainsi que le *tener* de Waltl (Reis. And., II, 59).

Voici la description de la larve du *Leptacinus batychrus* :

LARVE.

Corps allongé, sublinéaire, graduellement subrétréci en arrière, assez convexe, d'un roux testacé clair et brillant, avec l'abdomen livide.

Tête grande, subparallèle ou à peine plus large en avant, en carré à peine oblong et arrondi aux angles postérieurs; sensiblement plus large que le prothorax ; à peine convexe, éparsement sétosellée, presque lisse, à peine canaliculée sur le milieu du front; obsolètement sillonnée de chaque côté, vers l'insertion des antennes; d'un roux testacé luisant. *Epistome* aigument quadridenté en avant, avec les dents intermédiaires plus saillantes. *Mandibules* arquées, acérées, d'un roux ferrugineux. *Palpes* testacés, à dernier article allongé, aciculé, un peu plus long que le précédent.

Yeux lisses, peu distincts.

Antennes courtes, d'un roux testacé ; à 1er article très-court : les 2e et 3e suballongés, subrétrécis vers leur base : le 3e bicilié avant son extrémité, distinctement lobé près du bout de son côté interne : le dernier beaucoup plus étroit, à peine rétréci vers sa base, tricilié au sommet.

Prothorax oblong ou suboblong, tronqué au sommet et à la base;

subparallèle sur ses côtés ou à peine rétréci en arrière; à angles antérieurs infléchis, fortement rejetés en arrière et obtus; subconvexe dans
son ensemble, mais longitudinalement subdéprimé et très-finement
canaliculé sur son milieu; éparsement sétosellé latéralement; d'un
roux testacé clair et luisant; presque lisse, avec une striole ou fossette
de chaque côté, au-dessus des angles antérieurs.

Mésothorax et *métathorax* transverses, subégaux, aussi longs pris
ensemble que le prothorax, un peu moins larges que celui-ci; subparallèles sur leurs côtés ou à peine étranglés à leur intersection; tronqués
au sommet et à la base; éparsement sétosellés latéralement; subcon-
vexes; obsolètement canaliculés sur le dos; d'un roux testacé clair et
brillant; presque lisses, avec une légère impression ou cicatrice sur
les côtés.

Abdomen allongé, plus long que le reste du corps, aussi large à sa
base que le métathorax; graduellement atténué en arrière dès son milieu; subconvexe; longitudinalement et finement sillonné sur le dos;
éparsement et longuement sétosellé; d'un testacé pâle, livide et brillant; à 1er segment un peu plus court que les suivants qui sont subégaux; tous, cicatrisés sur les côtés et à stigmates prononcés; le dernier subcarré, un peu plus étroit en arrière, tronqué au sommet où
il offre 2 lanières triarticulées, rapprochées à leur base, divergentes au
sommet, à 1er article oblong, assez épais, subcylindrique: le 2e linéaire,
beaucoup plus grêle, un peu moins long : le dernier sétiforme.

Dessous du corps pâle. *Dessous de la tête* et *prosternum* plus roux,
brillants, presque lisses. *Ventre* mamelonné, creusé sur sa ligne médiane, fortement sétosellé; à tube terminal épais, subcylindrique, égal
environ aux 2 premiers articles des lanières supérieures.

Pieds courts, assez grêles, pâles. *Hanches* grandes. *Cuisses* sublinéaires, épineuses en dessous. *Tibias* plus courts, sublinéaires, fortement épineux, terminés par un crochet aciculé, presque droit.

Obs. Cette larve vit dans le terreau et le vieux fumier. Elle ressemble beaucoup à celle du *Xantholinus linearis*, mais la tête est un peu
moins parallèle, l'abdomen plus distinctement impressionné et cicatrisé sur les côtés, et le 2e article des lanières relativement moins
long, etc.

3. Leptacinus linearis, Gravenhorst.

Allongé, étroit, linéaire, subdéprimé, d'un noir brillant, avec les élytres subconcolores, les antennes d'un roux obscur, les palpes et les pieds d'un roux de poix. Tête suboblongue, rétrécie en avant, assez fortement mais peu densement ponctuée sur les côtés. Prothorax oblong, subrétréci en arrière, à peine moins large que les élytres, à séries dorsales et latérales composées de 7 à 10 points fins, celle-ci à crosse assez nette. Elytres oblongues, de la longueur du prothorax, finement et vaguement ponctuées en dedans, subsérialement en dehors. Abdomen finement et éparsement pointillé.

♂ *Le 6ᵉ arceau ventral* largement et à peine échancré à son sommet, à marge simple : *celui de l'armure* assez saillant, imbriqué et parfois subdéhiscent dans son milieu.

♀ *Le 6ᵉ arceau ventral* subarrondi à son bord apical : *celui de l'armure* peu saillant, étroitement arrondi au sommet.

Staphylinus linearis, Gravenhorst, Micr., 43, 64 ; — Mon., 97, 24.
Gyrohypnus linearis, Nordmann, Symb., 120, 20.
Leptacinus linearis, Heer, Faun. Helv., I, 243, 2.— Kraatz, Ins. Deut., II, 649, 3.— Thomson, Skand. Col. II, 193, 3.
Leptacinus angustatus, Grimmer, Stett. Ent. Zeit., 1845, 134.

Long. 0,0044 (2 l.). — Larg. 0,0005 (1/4 l.).

Patrie. Cette espèce se trouve de la même manière que la précédente, mais elle est moins répandue.

Obs. Sur l'autorité de Heer, Kraatz et Thomson, nous avons cru devoir l'admettre comme distincte du *batychus.* Elle ressemble tellement à ce dernier, qu'il suffira d'en faire ressortir les différences. Elle atteint à peine la taille des petits exemplaires du *batychrus.* La tête est moins oblongue, un peu plus convexe, un peu moins densement ponctuée sur les côtés, avec l'espace médian lisse un peu plus grand. Les antennes sont ordinairement un peu plus obscures. Le prothorax paraît à peine moins rétréci en arrière, à séries composées de points à peine plus fins et un peu moins nombreux, les latérales un peu plus nettes. Les élytres sont généralement concolores ou subconcolores, ou parfois à peine plus claires à leur angle apical. L'abdomen est un peu moins densement pointillé sur les côtés, et, ce qui est pour nous concluant, les distinctions des ♂ ne sont plus les mêmes, le 6ᵉ arceau ventral étant bien moins fortement échancré.

Nous avons vu des échantillons de la Provence, à 1ᵉʳ article des antennes obscur, à élytres tout à fait noires, un peu moins déprimées et plus nettement ponctuées (1).

On doit peut-être rapporter au *linearis* les *sulcifrons, procerulus* et *pusillus* de Stephens (Ill. Brit., V, 260 et 264).

Quant au *minutus* de Boisduval et Lacordaire (Faun. Ent. Par., I, 417, 9), il nous semble appartenir autant au *formicetorum* qu'au *linearis*.

Nous donnons ci-après la description de la larve du *Leptacinus linearis :*

LARVE.

Corps très-allongé, graduellement subélargi en avant, subconvexe, sétosellé, d'un roux testacé brillant, avec l'abdomen pâle.

Tête grande, parallèle, en carré suboblong, plus large que le prothorax, subdéprimée en avant, très-éparsement sétosellée, presque lisse, finement et obsolètement canaliculée sur le milieu du front, d'un roux testacé luisant. *Epistome* aigument quadridenté en avant. *Mandibules* longues, grêles, arquées, très-acérées, d'un roux de poix. *Palpes* testacés, à dernier article allongé, grêle, aciculé.

Yeux lisses, presque imperceptibles.

Antennes courtes, testacées; à 1ᵉʳ article subglobuleux, noyé dans une fossette assez grande : les 2ᵉ à 4ᵉ suballongés, graduellement plus étroits, subrétrécis vers leur base : les 2ᵉ et 3ᵉ subégaux : le dernier

(1) Cette variété semblerait conduire à l'*othioïdes* de Baudi (Berl., Ent. Zeit., 1869, 390), dont les 2ᵉ et 3ᵉ articles des antennes sont d'un brun noirâtre, ainsi que les pieds postérieurs et les élytres. — Piémont.— Les types que nous avons vus de cette dernière espèce nous ont semblé de simples variétés du *linearis*.

un peu moins long, subtronqué et bicilié au bout, à cil interne plus long.

Prothorax oblong, subarqué sur les côtés, tronqué au sommet et à la base ; à peine sétosellé ; longitudinalement convexe ; presque lisse ; marqué de chaque côté d'une fine strie partant du bord antérieur et prolongée environ jusqu'au tiers de la longueur ; d'un roux testacé luisant.

Mésothorax et *métathorax* assez courts, subégaux, à peine plus longs, pris ensemble, que le prothorax ; un peu moins larges que celui-ci ; convexes ; subsemicylindriques ; longuement et très-éparsement sétosellés ; presque lisses ; d'un roux testacé brillant.

Abdomen allongé, étroit, à peine moins large à sa base que le métathorax, graduellement subrétréci en arrière, plus brusquement vers le sommet ; subconvexe ; longitudinalement sillonné-canaliculé sur sa ligne médiane ; fortement et longuement sétosellé ; d'un testacé pâle et assez brillant ; à 1er segment un peu plus court que les suivants, ceux-ci subégaux, le 8e parfois un peu plus long ; tous, à stigmates assez prononcés : le dernier subcarré ou à peine transverse, subatténué en arrière, subtronqué au sommet, où il offre 2 appendices triarticulés, rapprochés à leur base, divergents au sommet, à dernier article sétiforme.

Dessous du corps d'un testacé pâle. *Dessous de la tête* et *prosternum* un peu plus roux, brillants, presque lisses. *Ventre* inégal, longitudinalement creusé, longuement sétosellé ; à tube terminal épais, subcylindrique, égal environ aux appendices supérieurs, moins leur soie.

Pieds courts, grêles, pâles. *Hanches* grandes. *Cuisses* sublinéaires, épineuses en dessous. *Tibias* plus courts et un peu plus étroits, épineux dans leur pourtour, terminés par un crochet assez long, presque droit, aciculé.

Obs: Cette larve se rencontre dans les fumiers avec l'insecte parfait. Elle ressemble beaucoup à celle du *Leptacinus batychrus*. La tête, à peine moins large, est un peu plus parallèle, plus déprimée en avant où elle n'est pas visiblement sillonnée. Le dernier article des antennes est plus court, et l'avant-dernier moins distinctement lobé. L'abdomen est moins fortement cicatrisé sur les côtés, avec le 2e article des appendices relativement un peu plus long, etc.

4. **Leptacinus formicetorum**, MAERKEL.

Allongé, étroit, linéaire, subdéprimé, d'un noir brillant, avec les élytres 'un brun de poix, l'extrémité de celles-ci, les palpes, les antennes et les ieds testacés, et le sommet de l'abdomen d'un roux de poix. Tête sub-blongue, rétrécie en avant, finement et éparsement ponctuée sur les côtés. 'rothorax oblong, rétréci en arrière, un peu moins large que les élytres, séries dorsales et latérales composées de 8 à 10 points fins et serrés, illes-ci à crosse assez nette. Élytres oblongues, de la longueur du protho-ix, finement, éparsement et vaguement ponctuées en dedans, subsériale-ient en dehors. Abdomen légèrement et éparsement pointillé.

♂ *Le 6ᵉ arceau ventral* largement et faiblement échancré à son bord pical : *celui de l'armure* imbriqué, subdéhiscent au bout.

♀ *Le 6ᵉ arceau ventral* à peine arrondi à son bord apical : *celui de armure* peu saillant, arrondi au sommet.

eptacinus formicetorum, MAERKEL in GERMAR, Zeits. III, 216, 19; — V, 236, 112; — Bull. Mosc. 1843, I, 83, 15. — FAIRMAIRE et LABOULBÈNE, Faun. Ent. Fr. I, 504, 4. — KRAATZ, Ins. Deut II, 650, 4. — THOMSON, Skand. Col. II, 193, 4. — FAUVEL, Faun. Gallo-Rhén. III, 377, 3.

Long. 0,0033 (1 l. 1/2). — Larg. 0,0004 (1/5 l.)

Corps allongé, étroit, linéaire, subdéprimé, d'un noir brillant, avec extrémité des élytres largement testacée; à peine pubescent sur celles-i et l'abdomen.

Tête suboblongue, rétrécie en avant, de la largeur du prothorax; ̀gèrement sétosellée, avec une légère pubescence pâle sur les tempes; nement, éparsement ou subéparsement ponctuée sur les côtés, à points rrondis; à espace médian lisse assez large; d'un noir brillant. *Front* ̀ès-large, peu convexe, à sillons antérieurs assez fins, les latéraux ourts, un peu moins prolongés en arrière. *Cou* subglobuleux, presque isse, souvent d'un brun de poix. *Épistome* étroit, en pointe. *Labre* oux, sétosellé en avant. *Mandibules* obscures, à pointe parfois ferru-̀incuse. *Palpes* testacés ou d'un roux testacé.

8

Yeux subarrondis, plus ou moins obscurs.

Antennes courtes ou même très-courtes, de la longueur de la tête; à peine épaissies; très-finement duveteuses et à peine pilosellées; testacées ou d'un roux testacé, avec leur 1er article plus clair; celui-ci en massue allongée et arquée, égal au moins aux 3 suivants réunis : le 2e assez court, obconique, subépaissi; le 3e subglobuleux, évidemment un peu plus court que le 2e : le 4e fortement, les 5 à 10e très-fortement transverses : le dernier courtement ovalaire, brusquement subacuminé au sommet.

Prothorax oblong, rétréci en arrière où il est un peu moins large que les élytres; obtusément angulé au sommet, avec les angles antérieurs infléchis, obtus et subarrondis; presque rectiligne sur ses côtés vus latéralement; subarrondi à sa base; à angles postérieurs obtus et arrondis; à peine convexe; éparsement sétosellé, avec la longue soie latérale située sur le rebord même; d'un noir brillant, lisse; à séries dorsales composées de 8 à 10 points fins et serrés, les latérales environ d'un même nombre de points disposés en crosse assez nette. *Repli* presque lisse, d'un roux de poix.

Écusson presque lisse, d'un noir ou brun de poix brillant.

Élytres oblongues, environ de la longueur du prothorax, un peu plus larges en arrière qu'en avant; subdéprimées; à peine déhiscentes à l'angle sutural qui est émoussé ou subarrondi; finement, éparsement et vaguement ponctuées en dedans, plus densement et subsérialement vers les côtés, avec le repli encore plus finement et subsérialement pointillé; d'un noir ou brun de poix brillant, devenant graduellement plus clair ou testacé dès le quart ou le tiers basilaire; parsemées d'une légère et courte pubescence pâle, subredressée et peu distincte, avec quelques soies obscures, dont 3 plus longues : 1 très-longue, sur les épaules, 1 après le 1er tiers, près de la suture, et 1 vers l'écusson, ces 2 dernières moins longues et parfois caduques. *Épaules* à calus assez saillant, lisse, subarrondi.

Abdomen suballongé, à peine moins large que les élytres; subparallèle ou parfois subélargi en arrière; subconvexe; éparsement sétosellé; finement, légèrement et éparsement pointillé; d'un noir brillant, avec le sommet souvent d'un roux de poix : parsemé sur les côtés d'une très-fine pubescence pâle et peu distincte. *Le 6ᵉ segment* plus ou moins arrondi au sommet.

Dessous du corps à peine pubescent, légèrement ponctué, d'un noir de poix brillant, avec l'antépectus, le médipectus et l'extrémité du ventre largement d'un roux de poix, celle-ci souvent testacée. *Dessous de la tête* éparsement ponctué. *Mésosternum* en triangle obtus et sublobé. *Métasternum* presque lisse et à peine déprimé en arrière sur son milieu, finement canaliculé sur sa ligne médiane. *Ventre* subconvexe, éparsement sétosellé.

Pieds légèrement pubescents, à peine pointillés, testacés ou d'un roux testacé. *Tibias antérieurs* obliquement bistriés-frangés à leur sommet interne.

Patrie. Cette espèce, plus rare que les précédentes, se prend, en été, dans les nids des *formica rufa* et *congerens*, dans les environs de Paris, la Normandie, le Bourbonnais, les montagnes du Lyonnais, les Alpes, les Pyrénées, etc.

Obs. Elle est distincte par la petitesse de sa taille, par ses antennes plus courtes, à 3ᵉ article subglobuleux, évidemment moins long que le 2ᵉ, et les pénultièmes plus fortement transverses. La tête est moins densement ponctuée sur les côtés, avec les sillons latéraux du front moins prolongés en arrière que les intermédiaires. Les élytres et le dessous du corps sont généralement d'une couleur plus claire, etc.

Les élytres sont parfois presque entièrement testacées ou d'un roux testacé, avec la base toujours un peu plus foncée. Chez les immatures, le prothorax est d'un brun un peu roussâtre.

Genre *Leptolinus*, Leptolin; Kraatz.

Kraatz, Ins. Deut., II, 647. — *Stenistoderus, Jacquelin Du Val*, Gen. Staph., 33, pl. 12, fig. 60.

Étymologie : λεπτός, mince.

Caractères. *Corps* très-allongé, étroit, linéaire, subdéprimé, ailé.
Tête très-grande, saillante, oblongue, subparallèle, à peine bistriée

en avant; portée sur un col très-étroit, subglobuleux, ponctiforme. *Tempes* nullement rebordées sur les côtés, fortement contiguës en dessous dans presque toute leur longueur. *Épistome* profondément sinué de chaque côté et formant dans son milieu une pointe aiguë, subaciculée. *Labre* étroit, en dos d'âne, angulairement entaillé au sommet. *Mandibules* médiocres, saillantes, largement sillonnées en dehors, grossièrement dentées ou simplement angulées vers le milieu de leur tranche interne, recourbées et croisées au repos à leur extrémité. *Palpes maxillaires* assez développés, à 1er article petit : les 2e et 3e allongés, en massue obconique, subégaux : le dernier beaucoup plus court, étroit, subulé. *Palpes labiaux* courts, à 2e article à peine plus long que le 1er : le dernier petit, étroit, subulé. *Menton* grand, transverse, trapéziforme, plus étroit en avant, tronqué au sommet.

Yeux petits, non saillants, subarrondis, situés très-loin du prothorax.

Antennes assez courtes, assez fortement coudées, faiblement épaissies; à 1er article très-allongé, en massue subarquée, subégal aux 4 suivants réunis : les 2e et 3e suballongés, obconiques, subégaux : les suivants graduellement un peu plus épais, transverses : le dernier subcylindrico-ovalaire, mousse au bout.

Prothorax suballongé, subrétréci en arrière, un peu moins large que les élytres; tronqué au devant du col; obliquement coupé au sommet de chaque côté de celui-ci; à peine arrondi à sa base; très-finement rebordé sur celle-ci et sur les côtés, avec le rebord de ceux-ci s'effaçant complètement dès le milieu. *Repli* assez étroit, très-visible vu de côté.

Écusson assez grand, subogival.

Élytres oblongues, obtusément tronquées au sommet, largement arrondies aux angles postéro-externes; rectilignes sur les côtés, obsolètement rebordées le long de la suture, qui s'imbrique en dedans du rebord. *Repli* assez étroit, subvertical, subparallèle. *Épaules* légèrement saillantes.

Prosternum fortement développé au-devant des hanches antérieures; offrant entre celles-ci une accolade très-obtuse, derrière laquelle se trouve un plan incliné, de même forme, lisse, à pointe plus prononcée profondément échancré en avant pour recevoir la *pièce antésternale* dont la suture médiane est fine et dont le diamètre antéro-postérieur est un peu plus long que la moitié du diamètre transversal, avec les clavicules larges et très-saillantes. *Mésosternum* un peu prolongé au devant des hanches intermédiaires, profondément échancré en avant ; à lame médiane obsolètement carinulée sur son milieu, en forme de triangle transverse, largement tronqué ou à peine arrondi à son sommet, duquel il émet une pointe émoussée et servant d'intermède. *Médiépisternums* grands, irréguliers, séparés du mésosternum par une suture très-fine, oblique et sinueuse. *Médiépimères* petites, refoulées par les hanches et réduites à une espèce de coin. *Métasternum* court, échancré pour l'insertion des hanches postérieures ; prolongé entre celles-ci en un lobe saillant, horizontal, explané ; fortement avancé en dos d'âne, entre les intermédiaires, jusqu'à l'intermède. *Postépisternums* étroits, graduellement resserrés à leur base. *Postépimères* plus ou moins réduites ou refoulées, cunéiformes.

Abdomen allongé, subparallèle ; fortement rebordé sur les côtés ; à 4 premiers segments subégaux : le 5e plus grand, largement tronqué et muni à son bord apical d'une très-fine membrane pâle : le 6e large, saillant, rétractile : celui de l'armure étroit, souvent distinct. *Ventre* à 4 premiers segments subégaux ; à repli basilaire sensible : le 5e plus grand : le 6e large, saillant, rétractile (1).

Hanches antérieures grandes, de la longueur des cuisses, coniques, saillantes, subparallèles et plus ou moins rapprochées intérieurement. *Les intermédiaires* grandes, oblongues, subdéprimées, subparallèles, médiocrement distantes. *Les postérieures* médiocres, légèrement écartées à leur base, divergentes au sommet ; à *lame supérieure* en cône étranglé dans son milieu ; à *lame inférieure* nulle ou enfouie.

Pieds assez courts, assez robustes. *Trochanters* assez petits, subcunéiformes. *Cuisses* comprimées, plus ou moins élargies vers leur milieu. *Tibias* épaissis de la base au sommet, munis, au bout de leur tranche inférieure, de 2 éperons assez grêles, dont l'interne un peu plus long ;

____

(1) Le 1er arceau basilaire est prolongé en pointe sur le 2e basilaire jusqu'à la base du 1er normal.

tous, plus ou moins épineux, les *antérieurs* et *postérieurs* moins sensiblement, surtout en dehors : ceux-là plus courts et plus épais, obliquement coupés au sommet. *Tarses antérieurs* assez courts, à 4 premiers articles subdéprimés et fortement dilatés, spongieux en dessous ; les *intermédiaires* et *postérieurs* à peine moins courts, subatténués vers leur extrémité, simples, à 4 premiers articles subtriangulaires, graduellement plus courts : le dernier allongé, grêle, en massue, un peu plus long que les deux précédents réunis. *Ongles* petits, grêles, arqués.

Obs. Cette coupe générique est fondée sur une espèce à démarche lente et tortueuse, fréquentant le bord vaseux des rivières ou des marais.

Elle se distingue du genre *Leptacinus* par sa forme plus allongée, par son corps entièrement ponctué et moins luisant ; par la présence d'un lobe métasternal saillant entre les hanches postérieures (1) ; par les antennes moins courtes mais plus fortement coudées ; par sa tête non ou à peine 4-sillonnée entre les yeux ; par le dernier article des palpes maxillaires, qui est plus court relativement au précédent qui est plus allongé ; par son prothorax à rebord latéral effacé en avant. De plus, le cou est plus étroit, ponctiforme ; le scape des antennes est plus long, leurs 2e et 3e articles sont plus allongés ; le prosternum est plus développé, avec les clavicules plus larges et plus saillantes, etc.

Une seule espèce rentre dans le genre *Leptolinus*.

1. **Leptolinus nothus**, ERICHSON.

Très-allongé, étroit, linéaire, subdéprimé, d'un noir un peu brillant, avec la tête presque mate, les palpes d'un roux testacé, les antennes et les pieds d'un roux ferrugineux. Tête oblongue, subparallèle, très-densement et rugueusement ponctuée, avec une fine ligne longitudinale lisse, obsolète. Prothorax suballongé, subrétréci en arrière, un peu moins large que les élytres, assez finement et densement ponctué, avec une ligne longitudinale lisse. Élytres oblongues, à peine moins longues que le prothorax, asse

(1) Cette conformation rappelle un peu celle du genre *Philonthus*.

finement et densement ponctuées. Abdomen finement et plus densement pointillé.

♂ *Le 6e arceau ventral* largement et à peine échancré au sommet : *le 5e* étroitement et à peine sinué dans le milieu de son bord apical : *celui de l'armure* peu saillant, imbriqué longitudinalement.

♀ *Le 6e arceau ventral* subarrondi au sommet : *le 5e* entier : *celui de l'armure* peu saillant, étroitement arrondi à son bord apical.

Leptacinus nothus, ERICHSON, Gen. et Spec. Staph., 338, 9. — HOCHHUTH, Bull. Mosc., 1849, I, 111.—FAIRMAIRE et LABOULBÈNE, Faun. Ent., Fr,, I, 504, 6.— JACQUELIN DU VAL, Gen. Staph., pl. 12, fig. 60.
Leptolinus nothus, FAUVEL, Faun. Gallo-Rhén., III, 378, 1.

Variété a. *Corps* en entier d'un roux ferrugineux ou testacé.

Long. 0,0066 (3 l.). — Larg. 0,00075 (1/3 l.).

Corps très-allongé, étroit, linéaire, subdéprimé, d'un noir un peu brillant, avec la tête plus mate; revêtu sur les élytres et l'abdomen d'une très-fine pubescence grise, un peu plus serrée sur ce dernier.

Tête oblongue, subparallèle, un peu ou à peine plus large que le prothorax; légèrement sétosellée, surtout en arrière; assez finement, très-densement et rugueusement ponctuée, avec les rugosités longitudinales et les points subombiliqués; d'un noir mat ou presque mat, avec une fine ligne longitudinale lisse, plus brillante, parfois obsolète. *Front* très-large, peu convexe, à stries antérieures très-fines, très-courtes, parfois peu distinctes. *Cou* subglobuleux, presque lisse. *Epistome* très-étroit, subaciculé. *Labre* d'un roux brunâtre, fortement sétosellé en avant. *Mandibules* noires. *Palpes* d'un roux testacé.

Yeux subarrondis, plus ou moins obscurs.

Antennes assez courtes, évidemment plus longues que la tête; faiblement épaissies; très-finement duveteuses; à peine pilosellées; d'un roux ferrugineux, avec l'extrémité du 1er article souvent plus foncée; celui-ci en massue allongée ou même très-allongée, subégal aux 4 suivants réunis : les 2e et 3e suballongés, obconiques, subégaux : les suivants graduellement à peine plus épais, légèrement transverses, avec les pénultièmes plus sensiblement : le dernier subcylindrico-ovalaire, mousse ou presque mousse au bout.

Prothorax suballongé, subrétréci en arrière où il est un peu moins large que les élytres; obliquement tronqué de chaque côté à son sommet, avec les angles antérieurs subinfléchis et fortement arrondis; à peine sinué sur le milieu de ses côtés; à peine arrondi à sa base; à angles postérieurs obtus et arrondis; subdéprimé ou à peine convexe; à peine sétosellé, avec la longue soie latérale située sur la marge même, mais non sur le rebord qui est effacé antérieurement; d'un noir assez brillant; assez finement et densement ponctué, un peu moins densement en arrière, avec une ligne longitudinale lisse, assez large et plus brillante. *Repli* noir, finement chagriné et obsolètement pointillé.

Écusson à peine excavé, d'un noir peu brillant, éparsement pointillé-sétosellé.

Élytres oblongues, à peine ou parfois un peu moins longues que le prothorax, subparallèles ou à peine plus larges en arrière qu'en avant; subdéprimées; assez finement et densement ponctuées; d'un noir assez brillant, avec une très-fine pubescence grise, peu serrée, courte, semi-couchée et dirigée en dehors, 1 longue soie sur les épaules, 1 vers le tiers antérieur, près de la suture, et 1 autre vers l'écusson, ces 2 dernières moins longues et moins apparentes. *Epaules* à calus saillant.

Abdomen allongé, un peu moins large que les élytres; subparallèle ou rarement à peine arqué sur les côtés; assez convexe; éparsement et longuement sétosellé; finement, légèrement, densement et même très-densement pointillé; d'un noir peu brillant, avec la marge apicale du 6e segment couleur de poix, et une très-fine pubescence grise, couchée, un peu plus longue et plus serrée que celle des élytres. *Le 6e segment* subarrondi ou à peine arrondi au sommet.

Dessous du corps finement pubescent, finement pointillé, d'un noir assez brillant, avec le sommet du ventre d'un roux de poix. *Dessous de la tête* assez finement, densement et subrugueusement ponctué. *Métasternum* subdéprimé en arrière sur son milieu, avec un canal très-obsolète. *Ventre* assez convexe, plus finement et plus densement pointillé, légèrement et éparsement sétosellé, plus longuement vers son sommet.

Pieds légèrement pubescents, finement ponctués, d'un roux ferrugineux, avec les hanches souvent plus foncées et les tarses plus clairs. *Tibias antérieurs* sensiblement épaissis, densement ciliés sur leurs tranches.

Patrie. Cette espèce fréquente le bord vaseux des rivières, des étangs et des fossés, sous les pierres et les détritus, dans diverses parties de la France : la Normandie, la Champagne, le Limousin, la Bourgogne, le Beaujolais, les environs de Lyon, les Alpes, le Languedoc, la Guienne, les Pyrénées, la Provence, etc. Elle est commune dans cette dernière province ainsi que dans le Lyonnais.

Obs. Elle se distingue de tous les autres *Xantholiniens* par sa couleur plus mate, qui est due à sa ponctuation serrée, surtout sur la tête, le prothorax et l'abdomen.

Elle varie beaucoup pour la taille, qui parfois ne dépasse guère 5 millimètres.

Chez les immatures, le corps se montre d'un roux ferrugineux ou même testacé, avec la tête plus foncée ou parfois concolore.

Sa tête, plus ou moins large, est tantôt subparallèle et subrectiligne sur ses côtés, tantôt subarquée en arrière sur ceux-ci, tantôt à peine atténuée en avant ; mais toutes ces nuances de formes se fondent suivant la taille, le sexe, la maturité et la provenance des échantillons.

Quelques individus de la Provence sont un peu plus brillants et d'une taille un peu plus grande.

Le 6ᵉ arceau ventral des ♂ est parfois déprimé au devant de l'échancrure, et celle-ci, quelquefois à peine prononcée, se borne d'autres fois à une simple troncature.

Le 5ᵉ arceau ventral des ♀ est, rarement, étroitement et faiblement sinué dans le milieu de son bord apical, comme chez les ♂, et le 6ᵉ, le plus souvent régulièrement arqué ou arrondi dans tout le développement de ce même bord, est parfois à peine sinué de chaque côté de celui-ci. Nous avons même observé des exemplaires chez lesquels le milieu de l'arc est tronqué ou même étroitement sinué, de manière à simuler une espèce d'accolade à pointe rentrante.

Comme la ponctuation est partout à peu près la même, et que toutes les diverses modifications que nous venons de signaler se reproduisent chez les individus d'une même localité, nous avons cru devoir les ramener toutes à une seule et même espèce, jusqu'à nouvel et plus approfondi examen.

ERRATA ET ADDENDA

Page 6, ligne 35, au lieu de **fulvipenis**, lisez : **fulvipennis**.
— 28, — 27, après *Baptolinus affinis*, ajoutez FAUVEL.
— 35, — 25, effacez dans le tableau : *Yeux* atrophiés.
— 50, — 19, au lieu de *Xautholinus*, lisez : *Xantholinus*.
— 51, — 3, D'après M. Fauvel (III, 6ᵉ Livr. suppl. p. 70) le *Xantholinus relucens Grav.* serait décidément une espèce pyrénéenne.
— 79, — 12, au lieu de *elgontus*, lisez : *elongatus*.
— 93, — 1, Il nous a été donné dernièrement de voir la *Vulda gracilipes*, dont nous allons rectifier ainsi la description :

1. **Vulda gracilipes**, JACQUELIN DU VAL

Allongée, étroite, sublinéaire, subdéprimée, d'un noir de poix luisant et submétallique, avec les élytres et le sommet de l'abdomen d'un roux de poix, la base des antennes et les pieds roux, les genoux, les tibias, les tarses et les palpes plus clairs. Tête ovale-oblongue, non rétrécie en avant, subarquée sur les côtés, assez fortement et modérément ponctuée sur ceux-ci. Yeux assez saillants. Prothorax allongé-oblong, subsemicylindrique, brusquement atténué dans son quart antérieur, à peine sinué derrière le milieu de ses côtés et puis subélargi à sa base où il est beaucoup moins large que les élytres, assez fortement et éparsement ponctué dans l'ouverture des angles antérieurs qui sont presque effacés, paré sur le dos de 2 séries longitudinales de 8 à 10 petits points. Élytres oblongues, subélargies en arrière, de la longueur du prothorax, assez fortement et modérément ponctuées. Abdomen finement et éparsement ponctué.

♂ *Le* 6ᵉ *segment abdominal* tronqué ou à peine échancré et longuement cilié à son bord apical. *Le* 7ᵉ subsinué au milieu de son bord postérieur, triangulairement subexcavé en dessus.

♀ Nous est inconnue.

Vulda gracilipes, JACQUELIN DU VAL, Ann. Soc. Ent. Fr. 1852, 698 ; — Gen. Staph. pl. 12, fig, 56. — FAIRMAIRE et LABOULBÈNE, Faun. Ent. Fr. I, 499. 1. *Xantholinus gracilipes* FAUVEL, Faun. Gallo-Rhén. III, 5ᵉ Livr. suppl. p. 44, 5 ; — 6ᵉ livr. suppl. p. 70.

Long. 0,0077 (3 l. 1/2). — Larg. 0,0012 (1/2 l.)

PATRIE. Marseille dans les marais ; Nice, sous les écorces d'olivier ; montagnes du Var, sous les pierres. Très-rare.

OBS. L'examen de cet insecte nous a confirmés sur la validité du genre *Vulda* de Jacquelin Du Val. En effet, outre la forme du prothorax rétréci en avant plutôt qu'en arrière, outre la conformation plus grêle des tibias et des tarses, cette coupe générique se distingue des *Xantholinus* par sa tête plutôt rétrécie en arrière qu'en avant, avec les yeux un peu plus gros et surtout plus saillants (1). Le 1ᵉʳ article des tarses postérieurs nous a paru à peine aussi long que le 2ᵉ.

La base du prothorax offre parfois une légère transparence roussâtre.

(1) Dans le texte (p. 31) Jacquelin Du Val ne fait pas mention des yeux ; mais dans la figure (pl. 12, fig. 56), il les représente clairement, quoique non assez saillants.

TABLEAU MÉTHODIQUE

DES

COLÉOPTÈRES BRÉVIPENNES

FAMILLE DES XANTHOLINIENS

————

1re BRANCHE. — OTHIAIRES.

Genre *Othius*, STEPHENS.

fulvipennis, FABRICIUS.
lapidicola, KIESENWETTER.
myrmecophilus, KIESENWETTER.
melanocephalus, GRAVENHORST.
punctipennis, BOISD. et LACORDAIRE.

Genre *Baptolinus*, KRAATZ.

pilicornis, PAYKULL.
alternans, GRAVENHORST.
longiceps, FAUVEL.

2e BRANCHE. — XANTHOLINAIRES.

Genre *Gauropterus*, THOMSON.

fulgidus, FABRICIUS.

Genre *Xantholinus*, SERVILLE.

S.-genre *Megalinus*, MULSANT et REY.

glabratus, GRAVENHORST.

S.-genre *Xantholinus verus*.

relucens, KRAATZ.
rufipennis, ERICHSON,
glaber, NORDMANN.
myops, FAUVEL.
elegans, OLIVIER.
procerus, ERICHSON.
tricolor, FABRICIUS.

cribripennis, FAUVEL.
distans, MULSANT et REY.
hesperius, ERICHSON.
longiventris, HEER.
linearis, OLIVIER.

S.-genre *Gyrohypnus*, STEPHENS.

punctulatus, PAYKULL.
ochraceus, GYLLENHAL.
atratus, HEER.
picipes, THOMSON.

Genre *Nudobius*, THOMSON.

collaris, ERICHSON.
lentus, GRAVENHORST.

Genre *Vulda*, JACQUELIN DU VAL.

gracilipes, JACQUELIN DU VAL.

Genre *Metoponcus*, KRAATZ.

brevicornis, ERICHSON.

Genre *Leptacinus*, ERICHSON.

parumpunctatus, GYLLENHAL.
batychrus, GYLLENHAL.
linearis, GRAVENHORST.
othioïdes, BAUDI.
formicetorum, MAERKEL.

Genre *Leptolinus*, KRAATZ.

nothus, ERICHSON.

————

TABLE ALPHABÉTIQUE

DES

ESPÈCES DÉCRITES

ATRECUS.

pilicornis. 28

Baptolinus 21

affinis 28
alternans 27
longiceps. 31
pilicornis. 25

CAFIUS.

fulminans 7

Gauropterus 36

fulgidus. 38

GYROHYPNUS (sous-genre). 74

alternans. 28
batychrus. 105
fulminans 7
glaber 52
glabratus. 47
lentus 89
linearis. 110
melanocephalus 15
merdarius 47
nigriceps 28
ochraceus. 79
parumpunctatus. 102
pilicornis. 25, 28
punctulatus. 75
pyropterus 39
tricolor. 57

Leptacinus 99

ampliventris 103, 105
angustatus 110
batychrus. 105
brevicornis 96
formicetorum 113
linearis. 110
nothus 119
othioïdes 111
parumpunctatus. 102

Leptolinus 115

nothus 118

MEGALINUS (sous-genre). . 45

Metoponcus 93

brevicornis 96

Nudobius 83

collaris. 86
lentus 89

OTHIAIRES 2

Othius 3

alternans. 28
brevipennis 15
crassus. 12
dilutus. 12
dimidiatus 31
fulvipennis 6
fuscicornis 21

lapidicola 9
laeviusculus. 18
melanocephalus 10, 15
myrmecophilus 12
pilicornis. 25, 28
punctipennis 18
suturalis 12

PAEDERUS.

fulgidus 39
fulvipennis 7
tricolor. 57

STAPHYLINUS.

affinis 30, 57
alternans. 28
batychrus. 105
cruentatus 47
elegans. 55, 57
elongatus. 75, 79
fracticornis. 76
fulgidus 7, 39, 47
fulminans 7
glaber 52, 89
glabratus. 47
lentus 52, 89
linearis. 70, 110
melanocephalus 15
nitidus. 47
ochraceus. 70, 79
parumpunctatus. 102
pilicornis. 25, 28
punctipennis 18
punctulatus. 75, 79
pyropterus 39
tricolor. 57, 89
ustulatus. 7

Valda 92

gracilipes. 93, 123

XANTHOLINIENS . 1

XANTHOLINAIRES . . . 34

Xantholinus. 41

atratus 80
cadaverinus. 47
collaris. 86
confusus 82
cribripennis. 62
curticornis 54
distans 63
elegans. 55
elongatus. 67
episcopalis 105
flavipennis 52
fulgidus 39, 47
glaber 51
glabratus 46
hesperius. 66
lentus 89
limbatus 66
linearis. 67, 70
longiventris. 67
meridionalis 57
minutus 111
multipunctatus 70
myops 54
ochraceus. 70, 78
ochropterus. 50
parumpunctatus 102
picipes 81
pilicornis. 25
procerus 56
punctulatus 75, 79
pyropterus 39
relucens 50
ruficollis 86
rufipennis 51
tricolor. 56

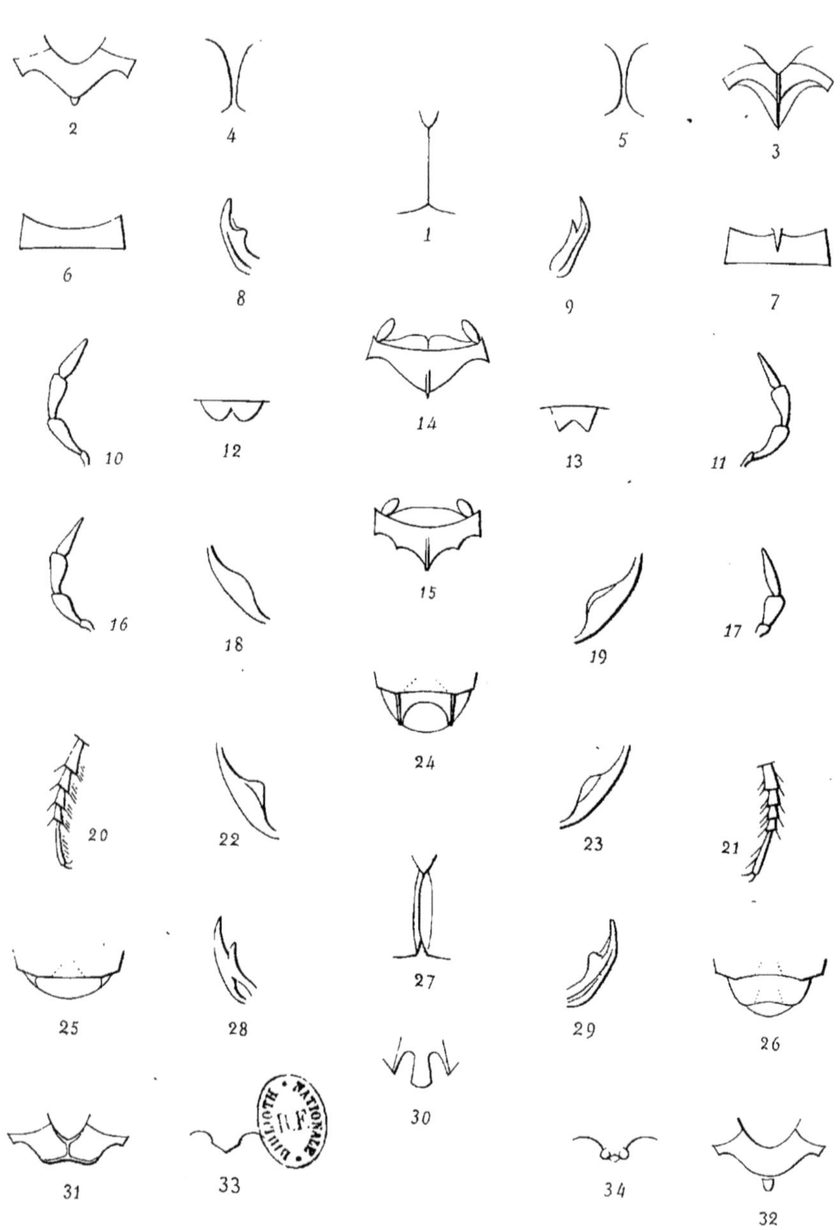

EXPLICATION DE LA PLANCHE I.

Fig. 1. Effet de la suture chez les *Othiaires*.
       2. Lame mésosternale des *Othius*.
       3. Lame mésosternale des *Baptolinus*.
       4. Intervalle des tempes en dessous, chez les *Othius*.
       5. Intervalle des tempes en dessous, chez les *Baptolinus*.
       6. 1er arceau ventral des *Othius*.
       7. 1er arceau ventral des *Baptolinus*.
       8. Mandibule des *Othius*.
       9. Mandibule des *Baptolinus*.
      10. Palpe maxillaire de l'*Othius fulvipennis*.
      11. Palpe maxillaire des autres *Othius*.
      12. Labre des *Othius*.
      13. Labre des *Baptolinus*.
      14. Prosternum, pièce antésternale et clavicules des *Othius*.
      15. Prosternum, pièce antésternale et clavicules des *Baptolinus*.
      16. Palpe maxillaire des *Baptolinus*.
      17. Palpe labial des *Baptolinus*.
      18. Repli du prothorax des *Othius*.
      19. Repli du prothorax du *Baptolinus alternans*.
      20. Tarse postérieur de l'*Othius fulvipennis* et à peu près aussi des
          autres *Othius*.
      21. Tarse postérieur des *Baptolinus*.
      22. Repli du prothorax du *Baptolinus pilicornis*.
      23. Repli du prothorax du *Baptolinus longiceps*.
      24. Sommet du ventre de l'*Othius fulvipennis* ♂, avec le segment de
          l'armure.
      25. Sommet du ventre des *Othius lapidicola*, *melanocephalus* et *punc-
          tipennis* ♂, abstraction faite du segment de l'armure.
      26. Sommet du ventre de l'*Othius myrmecophilus* ♂, abstraction faite
          du segment de l'armure.
      27. Effet de la suture ou à peu près, chez les *Xantholinaires*.
      28. Mandibule des *Gauropterus*.
      29. Mandibule des *Xantholinus*.
      30. Effet de l'épistome chez les *Gauropterus*.
      31. Lame mésosternale des *Gauropterus*.
      32. Lame mésosternale du *Xantholinus glabratus*.
      33. Pointe métasternale postérieure des *Gauropterus*.
      34. Pointe métasternale postérieure de la plupart des *Xantholinus*.

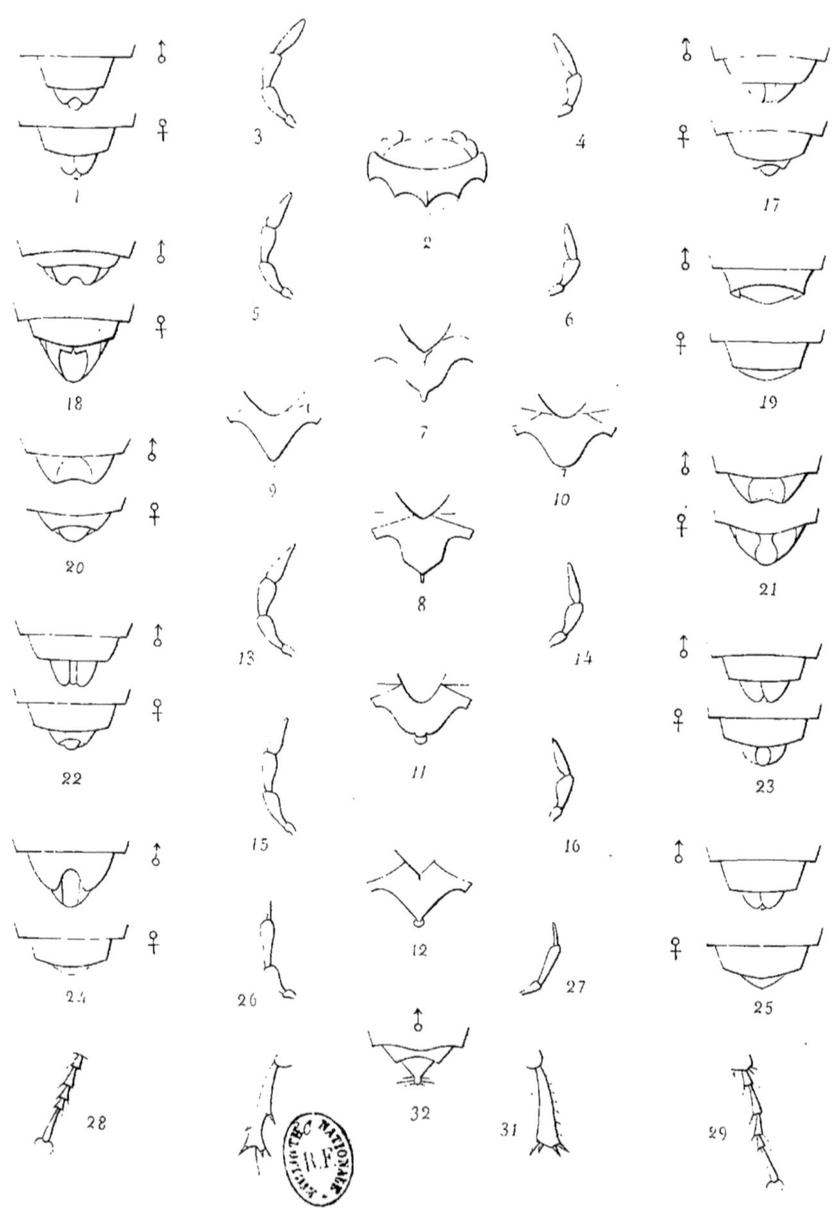

EXPLICATION DE LA PLANCHE II.

Fig. 1. Sommet de l'abdomen du *Gauropterus fulgidus* ♂ ♀, avec segment de l'armure.

2. Prosternum, pièce antésternale et clavicules de la plupart des *Xantholinus*.

3. Palpe maxillaire du *Xantholinus glabratus*.

4. Palpe labial du *Xantholinus glabratus*.

5. Palpe maxillaire des *Xantholinus glaber*, *tricolor*, etc.

6. Palpe labial des *Xantholinus glaber*, *tricolor*, etc.

7. Lame mésosternale du *Xantholinus relucens*.

8. Lame mésosternale du *Xantholinus glaber*.

9. Lame mésosternale du *Xantholinus longiventris*.

10. Lame mésosternale du *Xantholinus linearis*.

11. Lame mésosternale du *Xantholinus* (Gyrohypnus) *punctulatus*.

12. Lame mésosternale des *Nudobius*.

13. Palpe maxillaire du sous-genre *Gyrohypnus*.

14. Palpe labial du sous-genre *Gyrohypnus*.

15. Palpe maxillaire du genre *Nudobius*.

16. Palpe labial du genre *Nudobius*.

17. Sommet de l'abdomen du *Xantholinus glabratus* et à peu près aussi au *relucens*, ♂ ♀, avec segment de l'armure.

18. Sommet du ventre du *Xantholinus glabratus* ♂ ♀, avec segment de l'armure.

19. Sommet de l'abdomen du *Xantholinus glaber* ♂ ♀.

20. Sommet de l'abdomen du *Xantholinus tricolor* et à peu près aussi des *distans*, *longiventris* et *linearis*, ♂ ♀, avec segment de l'armure.

21. Sommet du ventre du *Xantholinus tricolor* et à peu près aussi des *distans*, *longiventris* et *linearis*, ♂ ♀, avec segment de l'armure.

22. Sommet de l'abdomen du sous genre *Gyrohypnus* ♂ ♀, ou à peu près, avec segment de l'armure.

23. Sommet du ventre du sous-genre *Gyrohypnus* ♂ ♀, ou à peu près, avec segment de l'armure.

24. Sommet du ventre du *Nudobius collaris*, ♂ ♀, avec segment de l'armure.

25. Sommet du ventre du *Nudobius lentus* ♂ ♀, avec segment de l'armure.

26. Palpe maxillaire du genre *Metoponcus*.

27. Palpe labial du genre *Metoponcus*.

28. Tarse antérieur du genre *Metoponcus*.

29. Tarse postérieur du genre *Metoponcus*.

30. Tibia antérieur du genre *Metoponcus*.

31. Tibia intermédiaire du genre *Metoponcus*.

32. Sommet de l'abdomen du *Metoponcus brevicornis* ♂, avec segment de l'armure.

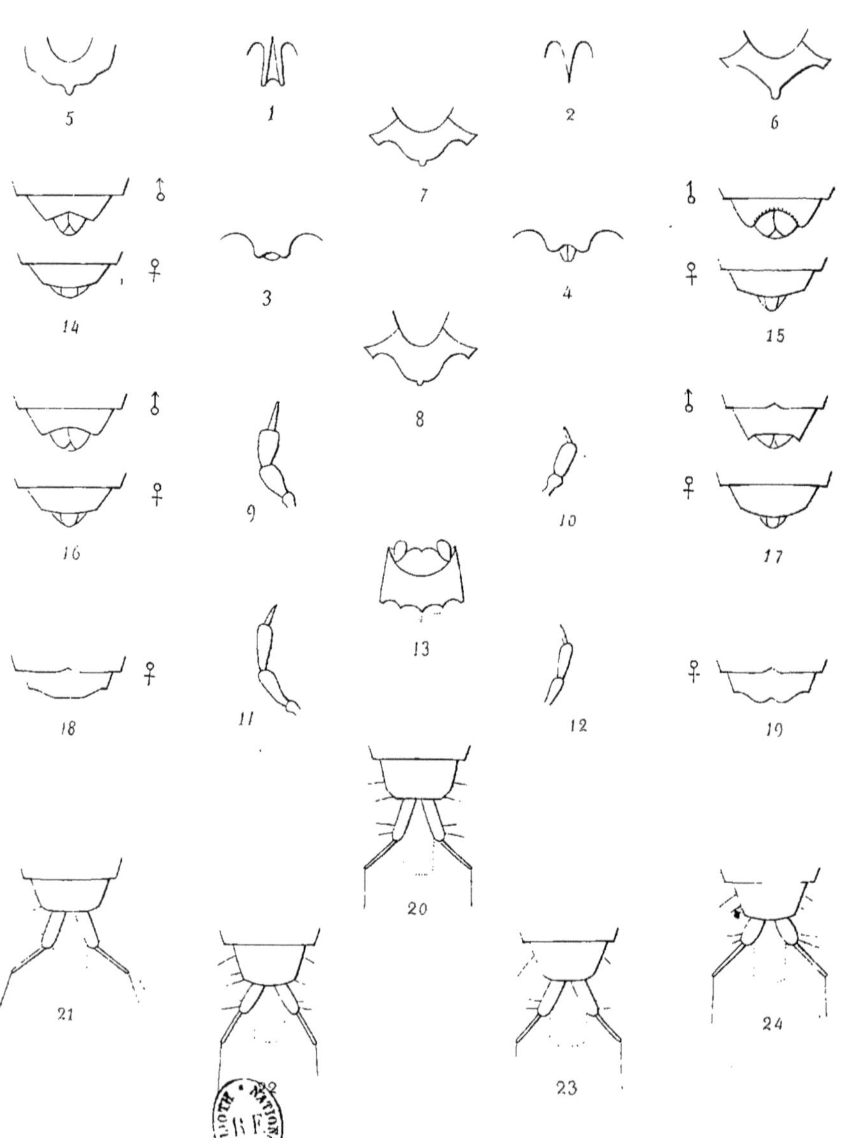

EXPLICATION DE LA PLANCHE III.

Fig. 1. Effet de l'épistome des *Metoponcus.*
    2. Effet de l'épistome des *Leptacinus.*
    3. Pointe mésosternale postérieure des *Leptacinus* en général.
    4. Pointe mésosternale postérieure des *Leptolinus.*
    5. Lame mésosternale du *Leptacinus parumpunctatus.*
    6. Lame mésosternale du *Leptacinus batychrus.*
    7. Lame mésosternale du *Leptacinus formicetorum.*
    8. Lame mésosternale du genre *Leptolinus.*
    9. Palpe maxillaire du genre *Leptacinus.*
  10. Palpe labial du genre *Leptacinus.*
  11. Palpe maxillaire du genre *Leptolinus.*
  12. Palpe labial du genre *Leptolinus.*
  13. Prosternum, pièce antésternale et clavicules des *Leptolinus.*
  14. Sommet du ventre du *Leptacinus parumpunctatus* ♂ ♀, avec segment de l'armure.
  15. Sommet du ventre du *Leptacinus batychrus* ♂ ♀, avec segment de l'armure.
  16. Sommet du ventre du *Leptacinus linearis* ♂ ♀, avec segment de l'armure.
  17. Sommet du ventre du *Laptolinus nothus* ♂ ♀, avec segment de l'armure.
  18. Autre forme du sommet du ventre du *Leptolinus nothus* ♂, abstraction faite du segment de l'armure.
  19. Autre forme du sommet du ventre du *Leptolinus nothus* ♀, abstraction faite du segment de l'armure.
  20. Sommet de l'abdomen de la larve du *Xantholinus tricolor.*
  21. Sommet de l'abdomen de la larve du *Xantholinus linearis.*
  22. Sommet de l'abdomen de la larve du *Xantholinus punctulatus.*
  23. Sommet de l'abdomen de la larve du *Leptacinus batychrus.*
  24. Sommet de l'abdomen de la larve du *Leptacinus linearis.*

Lyon. — Assoc. typ., C. Riotor, rue de la Barre, 12.

OUVRAGES DU MÊME AUTEUR

STOIRE NATURELLE DES COLÉOPTÈRES DE FRANCE.

— PALPICORNES. *Paris*, 1844. 1 vol. in-8.
— SULCICOLLES. — SÉCURIPALPES. *Paris*, 1856. 1 vol. in-8.
— LATIGÈNES. *Paris*, 1854. 1 vol. in-8.
— PECTINIPÈDES. *Paris*, 1855. 1 vol. in-8.
— BARDIPALPES. — LONGIPÈDES. — LATIPENNES. *Paris*, 1856. 1 vol in-8.
— VÉSICANTS. *Paris*, 1857. 1 vol. in-8.
— ANGUSTIPENNES. *Paris*, 1858. 1 vol. in-8.
— ROSTRIFÈRES. *Paris*, 1859. 1 vol. in-8.
— ALTISIDES, par C. Foudras. *Paris*, 1859-60. 1 vol. in-8.
— MOLLIPENNES. *Paris*, 1862. 1 vol. in-8.
— LONGICORNES. 2e édit. *Paris*, 1862-63. 1 vol. in-8.
— ANGUSTICOLLES. — DIVERSPALPES. 1 vol. in-8, avec REY.
— TÉRÉDILES 1864. 1 vol. in-8, avec REY.
— FOSSIPÈDES et BRÉVICOLLES. 1865. In-8, avec REY.
— SCUTICOLLES. 1867. In-8, avec REY.
— VÉSICULIFÈRES. 1867. 1 vol. in-8, avec REY.
— FLORICOLES. 1868. In-8, avec REY.
— GIBBICOLLES. 1868. In-8, avec REY.
— PILLULIFORMES. 1869. In-8, avec REY.
— LAMELLICORNES. — PECTINICORNES. 1871. In-8, avec REY.
— BRÉVIPENNES (ALÉOCHARIENS), 1871. In-8, avec REY.
— IMPROSTERNÉS, UNCIFÈRES, DIVERSICORNES, SPINIPÈDES. 1872. In-8, avec REY.
— BRÉVIPENNES. 1873 et années suivantes. In-8, avec REY.

(Les lignes marquées } : HÉTÉRONERSES)

ÉCIÈS DES COLÉOPTÈRES TRIMÈRES SÉCURIPALPES. *Lyon et Paris*, 1850-51. 1 vol. en deux parties, grand in-8.

ONOGRAPHIE DES COCCINELLIDES. 1866. In-8.

USCULES ENTOMOLOGIQUES, grand in-8.

				OPUSCULES ENTOMOLOGIQUES, grand in-8.		
—	1er cahier. 1852.	Mémoires divers.		—	9me cahier. 1859.	Parvilabres, etc.
—	2me cahier. 1853.	Id.		—	10me cahier. 1859.	Parvilabres.
—	3me cahier 1853.	Coccinellides.		—	11me cahier. 1859-60	Mémoires divers.
—	4me cahier. 1853.	Parvilabres.		—	12me cahier. 1861.	Id.
—	5me cahier. 1854.	Id.		—	13me cahier. 1863.	Id.
—	6me cahier. 1855.	Mémoires divers.		—	14me cahier. 1870.	Id.
—	7me cahier. 1856.	Id.		—	15me cahier. 1873.	Id.
—	8me cahier. 1858.	Id.		—	16me cahier. 1875.	Id.

URS D'HISTOIRE NATURELLE. *Paris*, 1869, 3e édit. (Zoologie). — 1869, 3e édit. (Physiologie). — 1860. (Géologie).

UVENIRS D'UN VOYAGE EN ALLEMAGNE. *Paris*, 1861. In-8.

ST. NATURELLE DES PUNAISES DE FRANCE. — SCUTELLÉRIDES. 1865. In-8.
— — PENTATOMIDES. 1866. In-8.
— — CORÉIDES. 1870 In-8.
— — RÉDUVIDES-ÉMÉSIDES. 1873 In-8.

SAI D'UNE CLASSIFICATION DES TROCHILIDÉS. 1866. In-8, avec MM Verreaux.

TTRES A JULIE SUR L'ORNITHOLOGIE. *Paris*, 1868. Grand in-8. Fig. col.

TTRES A JULIE SUR L'ENTOMOLOGIE, 2 vol. in-8.

UVENIRS DU MONT PILAT. 1870. 2 vol. in-18.

US PRESSE : BRÉVIPENNES. (Suite.)

EN PUBLICATION

HISTOIRE NATURELLE

DES

OISEAUX-MOUCHES

OU

COLIBRIS

CONSTITUANT LA FAMILLE DES TROCHILIDÉS

PAR

E. MULSANT ET FEU ÉD. VERREAUX

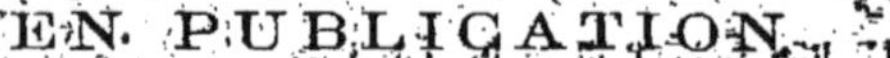

OUVRAGE PUBLIÉ PAR LA SOCIÉTÉ LINNÉENNE DE LYON

Cet ouvrage, imprimé sur très-beau papier fabriqué exprès par MM. FILLIAT FRÈRES, de Rives, et avec des caractères neufs, formera quatre volumes grand in-4 raisin, de 300 à 320 pages chacun, accompagnés de planches dessinées d'après nature par d'excellents artistes et coloriées avec soin.

Chaque volume est publié en quatre livraisons de dix feuilles environ, et de quatre ou cinq planches par livraison, pour offrir un représentant des principaux genres, ou les deux sexes des espèces, quand il sera nécessaire.

Il paraît une livraison par trimestre.

Le prix de la livraison est de 7 fr., planches noires, et 12 fr. 50 avec planches coloriées.

La Société publierait cette *Histoire* avec des planches pour chaque espèce de ces oiseaux, si elle trouvait, à 1 fr. 25 par planche coloriée, un nombre suffisant de souscripteurs, pour couvrir les frais.

La 2ᵉ Livraison du 4ᵉ et dernier volume est sous presse.

LYON. — IMPRIMERIE PITRAT AÎNÉ, RUE GENTIL, 4

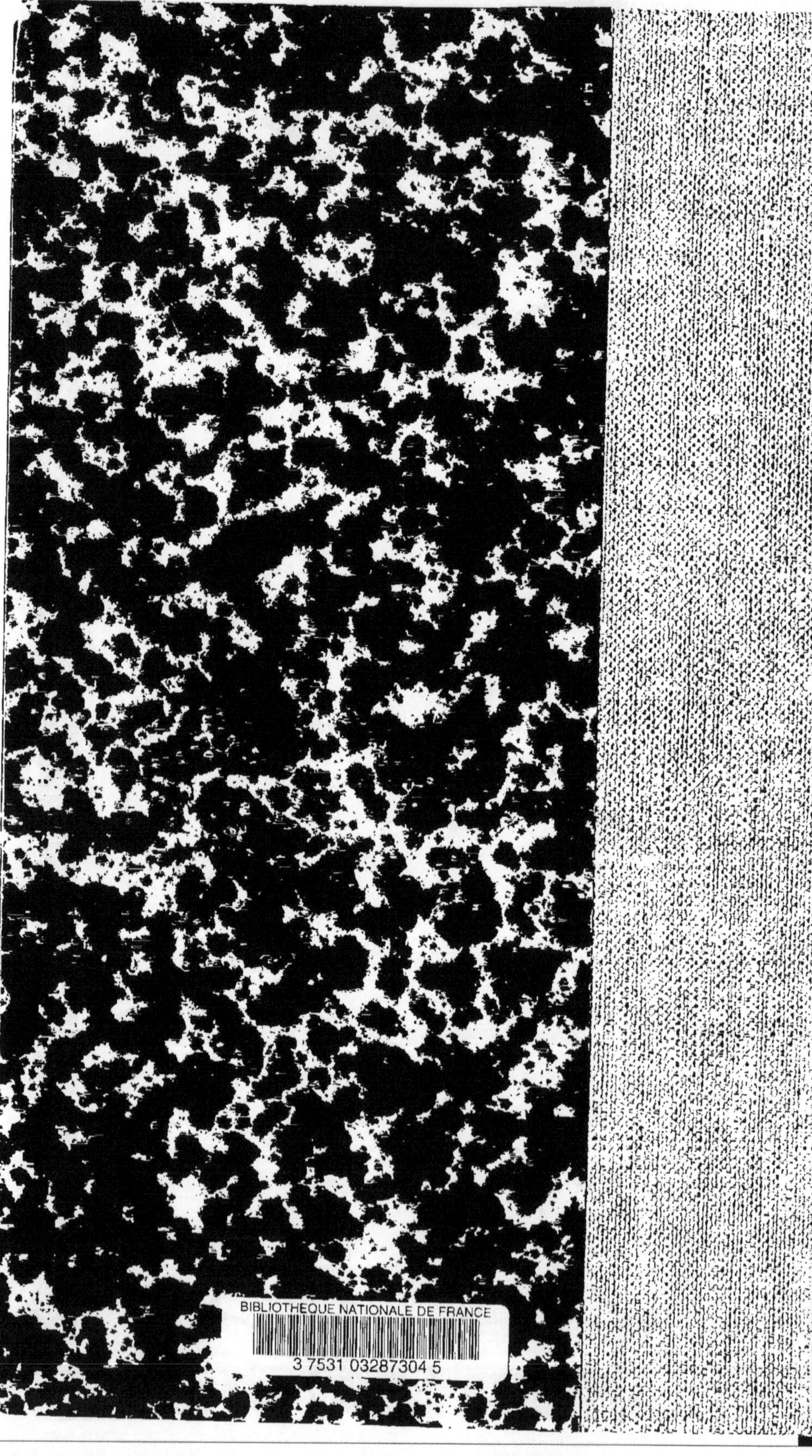